万川
reflections

一
步
万
里
阔

未来 IT 图解

Illustrate the future of "IT"

深度学习

未来 IT 図解 これからのディプラーニングビジネス

（日）南野充则／著

刘晓慧 刘 星／译

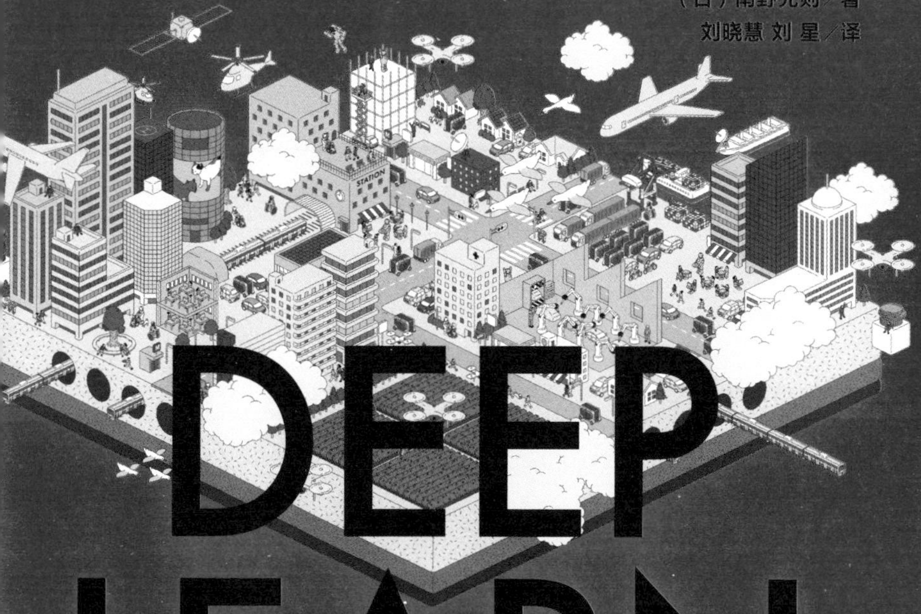

DEEP LEARNING

中国工人出版社

图书在版编目（CIP）数据

深度学习 / （日）南野充则著；刘晓慧，刘星译 .
-- 北京：中国工人出版社，2020.10
（未来 IT 图解）
ISBN 978-7-5008-7512-3

Ⅰ . ①深… Ⅱ . ①南…②刘…③刘… Ⅲ . ①机器学习 – 图解
Ⅳ . ① TP181-64

中国版本图书馆 CIP 数据核字（2020）第 204677 号

著作权合同登记号：图字 01-2020-4668

MIRAI IT ZUKAI KOREKARA NO DEEP LEARNING BUSINESS
Copyright © 2019 Mitsunori Nanno
All rights reserved.
Chinese translation rights in simplified characters arranged with MdN Corporation
through Japan UNI Agency, Inc., Tokyo

未来IT图解：深度学习

出 版 人	王娇萍
责任编辑	董佳琳 邢 璐
责任印制	栾征宇
出版发行	中国工人出版社
地 址	北京市东城区鼓楼外大街 45 号 邮编：100120
网 址	http://www.wp-china.com
电 话	（010）62005043（总编室） （010）62005039（印制管理中心） （010）62004005（万川文化项目组）
发行热线	（010）62005996 82029051
经 销	各地书店
印 刷	北京盛通印刷股份有限公司
开 本	880 毫米 ×1230 毫米 1/32
印 张	5
字 数	120 千字
版 次	2021 年 1 月第 1 版 2021 年 1 月第 1 次印刷
定 价	46.00 元

序章

今天，人们正迎来人工智能的第三次热潮，众所周知，其中一个原因就是"深度学习"（Deep Learning）。深度学习将是今后十分重要的技术，但又极为复杂，要浅显易懂地说明深度学习的结构比较困难，就某种程度而言只有专家才能够理解。

笔者也为该如何简明扼要地向没有技术、数学背景的经营者和商业人士讲解深度学习而倍感苦恼，理由大致有两点：

第一，为了理解深度学习，必须先涉足深度学习出现之前的研究。要想一下子理解深度学习十分困难，作为前提，必须理解神经网络（Neural Network）等算法。总之，理解深度学习所必要的知识很多，仅仅学习这些知识就要花费大量的时间。

第二，说明深度学习、神经网络等算法时一般会使用算式，如果没有前面提到的技术和数学背景，理解的门槛会很高。一看到出现算式，马上就合上书的人想来不少吧。

本书旨在为读者提供解决上述两个问题，在最短时间内理解深度学习的各种信息。第一篇将在回顾人工智能历史与变迁的同时说明深度学习；第二篇将说明实用案例，帮助读者理解具体如何使用；第三篇将预测未来，总结在这一领域将会发生的变化。此外，全书通过大量图表，力争使读者直观易懂地理解深度学习。

如果读者通过本书加深了对深度学习的了解，并在商业活动中实际运用，以此为深度学习业界作出贡献，笔者将倍感荣幸。

南野充则

深度学习推动
世界

在医疗保健领域

开发与每个人体型和
健康状况相符的程序
和药品

第 80 页、140 页

在饮食方面

用喜欢的味道、
正合适的量、
做喜欢吃的菜

第 128 页

有关深度学习的研究不断发展，实用化的进程已经开启。

可以预想到，这一领域的所有市场都将急速扩大。

能够改变生活、推动全世界发展的这项技术会波及哪些领域呢？

建设、基础设施领域！

从设计到挑选资材、辅助一线工作、维修和保养等都将自动化！

第 86、194、132 页

服务领域

无人化将进一步取得进展，生产效率、人手不足、繁杂的事务处理等都不再成为问题！

第 106 页

成为能在深度学习时代
生存下来的人才！

以往需要的人才

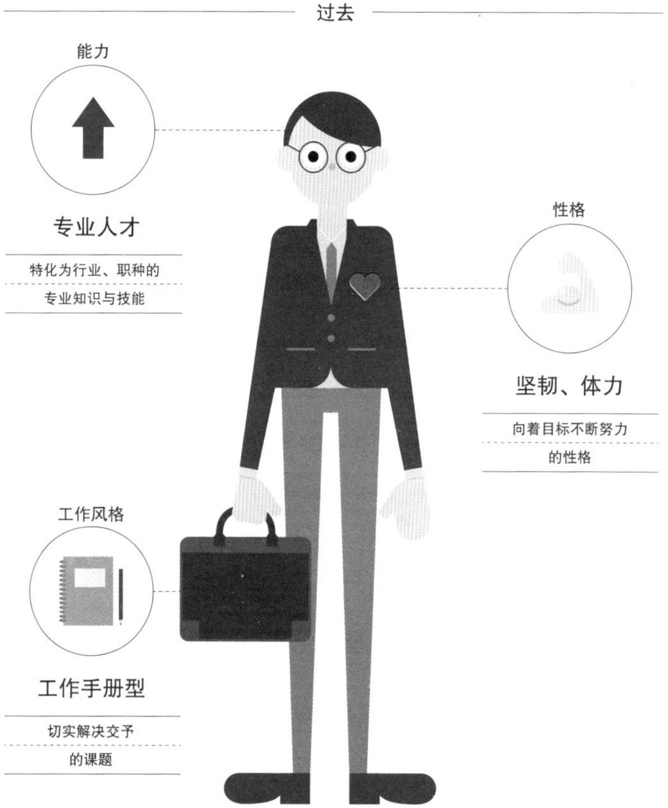

过去

能力

专业人才

特化为行业、职种的
专业知识与技能

性格

坚韧、体力

向着目标不断努力
的性格

工作风格

工作手册型

切实解决交予
的课题

诸多企业都已导入深度学习这一系统

不问性别、年龄、国籍、职业、激烈的人才争夺战即将开始

那么，将来到底需要怎样的人才呢？

今后需要的人才

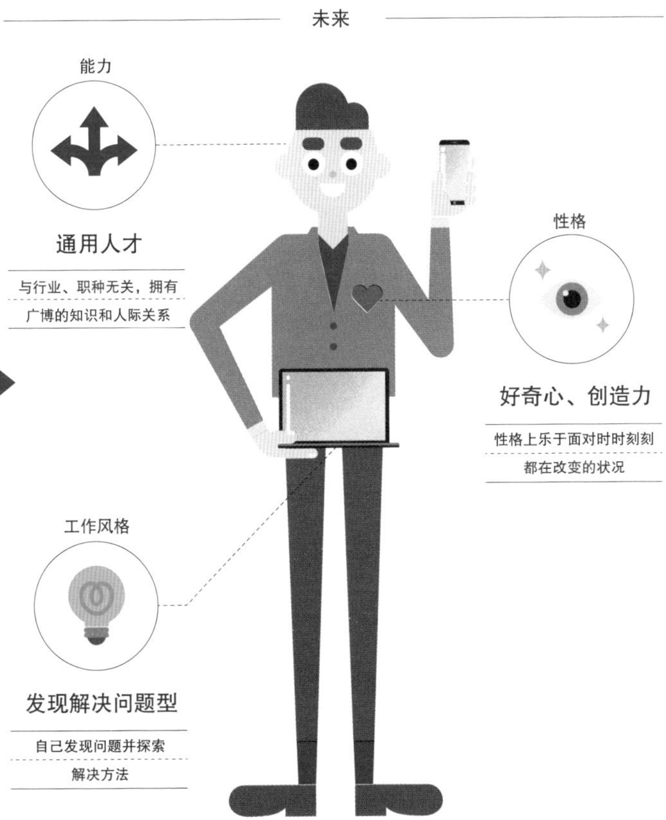

—— 未来 ——

能力

通用人才

与行业、职种无关，拥有
广博的知识和人际关系

性格

好奇心、创造力

性格上乐于面对时时刻刻
都在改变的状况

工作风格

发现解决问题型

自己发现问题并探索
解决方法

目录

PART 3
深度学习带给我们的未来

PART

1

什么是深度学习?

深度学习的现在与
未来

近年来，人工智能领域之一的深度学习备受关注。
本书将介绍深度学习对商业的影响以及未来的技术发展。

◆ 第三次人工智能热潮

从人工智能研究的历史上看，21 世纪第一个 10 年开始的人工智能热
可谓"第三次热潮"，其特征就是包括本书介绍的深度学习在内的"机器
学习实用化"。人工智能原本就是指拥有与人类一样的推理、认识、判断
等智慧处理能力的系统。

现在，人工智能已经进化到可以自己学习知识的深度学习阶段。本书
将首先对人工智能在不断克服各种问题的同时发展至今的历程进行回顾。
[01] /[02]。

◆ 人工智能的起点：达特茅斯会议

研究的历史先从硬件开始。第二次世界大战结束不久后的 1946 年，
美国宾夕法尼亚州诞生了电子数字积分计算机（ENIAC）。其 10 年后，新
罕布什尔州的达特茅斯学院召开了关于人工智能的会议（达特茅斯会议），
探讨智能行动与思维的计算机程序实现的可能性。

参加会议的研究学者艾伦·纽厄尔、赫伯特·西蒙论证了用计算机证
明数学定理是可能的，此时使用的"逻辑理论家"（Logic Theorist）被誉为
世界上第一个人工智能程序。

[01]深度学习出现前的历程

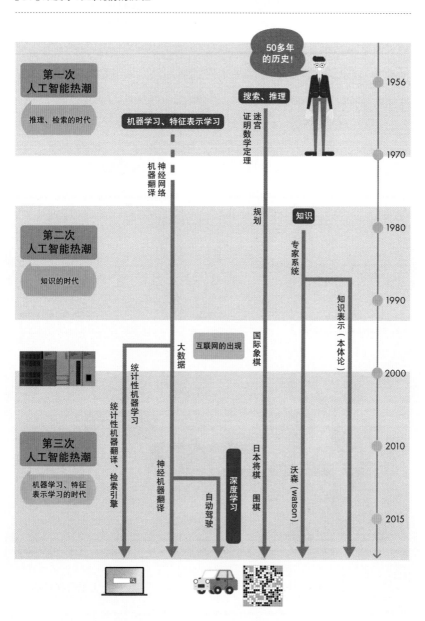

◆ 从"冷战"中的翻译到阿尔法狗的胜利

经过达特茅斯会议，人工智能研究进入"推理搜索时代"。从20世纪50年代后期到60年代，伴随着"冷战"的开始，英语和俄语的机器翻译在美国备受关注。此外，由人工智能自主走迷宫、进行拼图、与人对弈国际象棋和日本将棋等都取得了成功，从而掀起了研究热潮（第一次人工智能热潮）。

但是，当人们明白人工智能只能在限定的状况下解决事先设定的问题后，热潮降温了。

第二次热潮始于20世纪80年代，将专业知识输入计算机的"专家系统"开发取得重要进展，人工智能研究从此进入"知识的时代"。具体而言，开发出了输入病菌等数据就可以开出相应抗生素药方的系统（第二次人工智能热潮）。

[02] **人工智能分类与热潮的历程**

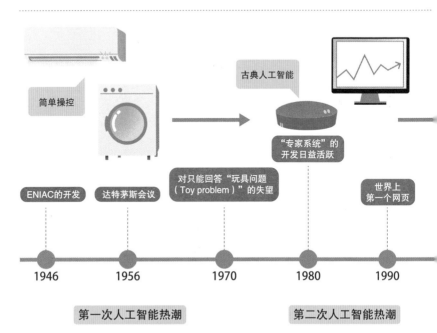

简单操控

古典人工智能

"专家系统"的
开发日益活跃

对只能回答"玩具问题
（Toy problem）"的失望

世界上
第一个网页

ENIAC的开发　　达特茅斯会议

1946　　1956　　1970　　1980　　1990

第一次人工智能热潮　　　　　　第二次人工智能热潮

　　但是，当载入的庞大知识库中出现了矛盾或缺乏一贯性的数据时，数据就变得难以保管和维护，这一次浪潮也随之降温了。

　　进入 21 世纪后，随着大数据成为热门话题，人工智能研究热潮再次来临（第三次人工智能热潮）。以大量统计数据为基础，人工智能自主学习获得知识的"机器学习"，具体而言，就是机器翻译和检索引擎实现了实用化。

　　此外，作为机器学习的一种，本书的主题"深度学习"也登上了历史舞台。人工智能自主学习定义知识要素的自动驾驶技术、阿尔法狗（Alpha Go）的胜利则吸引了更多关注。

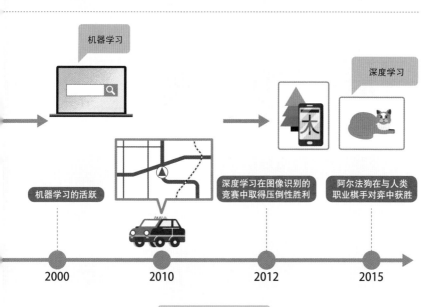

第三次人工智能热潮

推导"正确答案"的
搜索

人工智能程序阿尔法狗击败职业棋手一事震惊了世界。

阿尔法狗的基本技术是搜索。

本节简单介绍人工智能的基础理论。

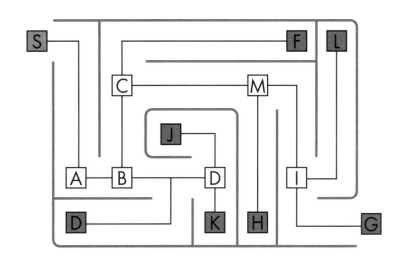

◆从复数的选项中发现正确答案的搜索

  当计算机寻找如上图迷宫的答案时，从多个选项中寻找正确答案就是"搜索"。由于计算机处理能力提升，即便是复杂问题也可以更快地推导出正确答案。

  日本将棋和围棋等棋盘游戏也可以使用搜索去发现最佳步骤。但其步骤顺序多如天文数字，参照所有选项事实上是不可能的。此时便再次使用已知知识和经验计算"成本"，排除不必要的选项寻求正确答案。

◆ 阿尔法狗有多厉害?

　　在棋盘游戏中对弈的计算机可以根据信息判断每一步落子处于有利或不利状态。具体而言,就是从棋子的数量和位置等进行计算,并选择最佳落子,得分不是最高的落子则被排除出选项。

　　但是,由人类决定落子方法仍具有局限性,研究者为此摸索了各种方法,比如使用乱数进行计算的"蒙特卡洛树搜索"算法[03]。这个方法是进展到某种程度局面出现后随机继续进行,无论如何都要完成模拟博弈,选出胜率高的落子。但是,在单纯性博弈中有效的蒙特卡洛树搜索却无法在围棋等落子模式众多的对弈中战胜职业棋手。

　　而使用了深度学习技术的阿尔法狗却击败了职业棋手。由此可见,深度学习的确是划时代的技术。

[03]蒙特卡洛树搜索算法

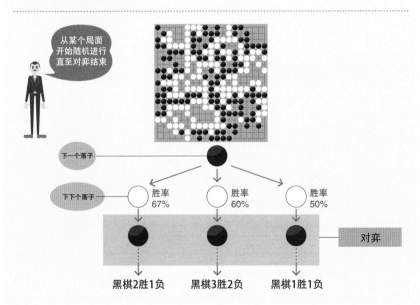

机器学习的结构与方法

让我们一起了解 2000 年后第三次人工智能热潮中备受关注的机器学习是什么技术，有什么方法吧。

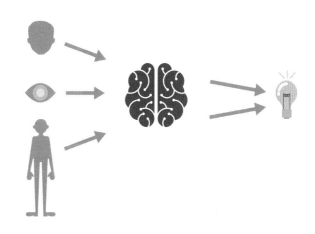

◆通过大数据实现进化的机器学习

伴随着网页的诞生和爆发性增长而出现的"大数据"一词已广为人知。在庞大的数据基础上，机器学习（使用程序从大量数据中推导出趋势和特征的结构）得以确立并正在实现实用化。

在机器学习中，给予计算机的数据越多，就越可能获得好的结果。比如区别乌鸦和鸽子的机器学习，通过给予计算机这两种动物的尽可能多的样本图像数据，在学习后进行区别二者的测试中，计算机的误差就会变小。此外，在预测某地新建住宅的价格时，如果样本数据较多，预测的精度就会提高。

◆ "特征值"决定机器学习的性能

在机器学习中，如何设定"应关注的数据"将决定机器学习的性能。例如，某饮料企业在预测自动售货机的销售额时，如果关注"气温数据"，则有望进行精度较高的销售额预测因企业可以默认盛夏时节凉爽的碳酸饮料和消暑饮料会热卖，而在寒冬时节热咖啡和热茶等饮料则在销售上有利［04］。如果关注"自动售货机的形状数据"，那么可能无法进行有意义的预测，这是因为自动售货机的形状与销售额完全没有关系。

使用数值表达的数据特征被称为特征值，也就是说，在这个案例中人们选择"气温数据"作为特征值，并将数据给予计算机进行机器学习。选择正确的特征值将决定机器学习的性能，因此极为重要。

［04］**自动售货机的销售额预测与"特征值"**

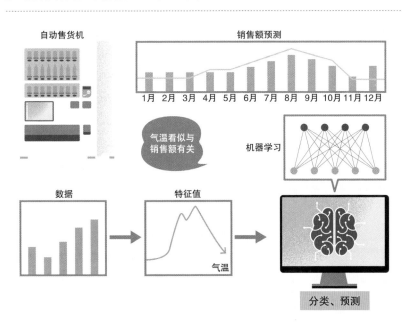

◆机器学习的三种方法

根据使用机器学习解决什么问题，会有不同的方法。大致而言，这些问题与方法可以分为三大类：

①监督学习；

②无监督学习；

③强化学习。

每一种方法都有自己的优点和缺点，了解这些方法对于具体理解机器学习非常重要。上述③强化学习将在第44页详细论述，在此仅对①和②进行说明。[05]

①监督学习

机器学习中的"监督"是指存在正确答案，是通过给予问题（输入）样本和正确答案（输出）样本，使机器学习趋势和特征的方法。比如，在建立区分鸽子图像与乌鸦图像的系统时，分别对鸽子的图像输入"鸽子"、对乌鸦的图像输入"乌鸦"的正确答案样本。

在外文翻译中，对于翻译前的文章，正确答案样本实际上就是翻译后的文章。通过大量采集这种配对的输入样本和正确答案样本并加以学习，就可以提高机器学习的精度。

②无监督学习

不给予正确答案（输出）、只给予问题（输入）就是无监督学习。学习内容以问题（输入）所具有的结构和特征为对象，其目的在于如何更加正确地理解问题。具体而言，从电商使用者的数据中总结特征，并根据特征对顾客进行分层的所谓聚类（Clustering）的学习就属于无监督学习。

该方法旨在分析使用网上购物平台的顾客有多少种类型，针对每种类型顾客的有效营销对策备是什么。

［05］监督学习和无监督学习

监督学习 没有正确答案的样本则无法学习

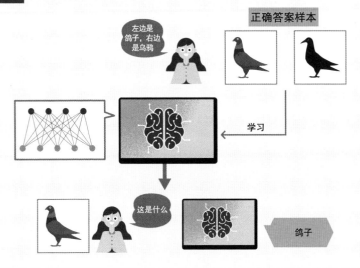

无监督学习 即使没有正确答案样本也可以区分

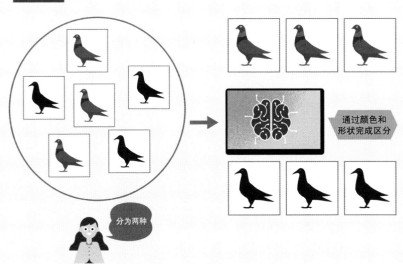

神经网络的种类与
特征

神经网络是机器学习中"监督学习"的一种。

是现在深度学习中被使用最多的理论，在此简单介绍其定义与基本内容。

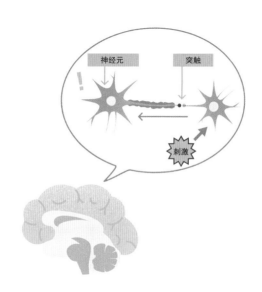

◆模仿人类神经网络的学习

　　神经网络就是模仿人脑神经网络的机器学习方法。人脑在受到外部刺激时，会由从神经元发出的电子信号进行传递。模仿这一结构的神经网络起源于半个世纪前的"感知机"。

　　下面以实例具体说明感知机的机制。

　　现在要判断接收到的电子邮件是否是垃圾邮件（Spam），为了便于理解，我们用"打折"和"田中"两个词代表两个特征进行判断。

此时感知机将成为如果是垃圾邮件则是 1、不是垃圾邮件则回到 0 的函数。比如，"打折"出现 5 次、"田中"出现 1 次时就回到 1（垃圾邮件）。

我们将横轴设定为"打折"出现的次数，纵轴设定为"田中"出现的次数，并找到与已经清楚是否是垃圾邮件的邮件（训练样本）之前的关系，就形成了［06］图。图中，越向右侧垃圾邮件越会增加，如果在图中画上一条线（这就是学习），就可以通过是在线的右侧还是左侧来判断是否是垃圾邮件了。

［06］判断接收到的邮件是否是垃圾邮件 ①

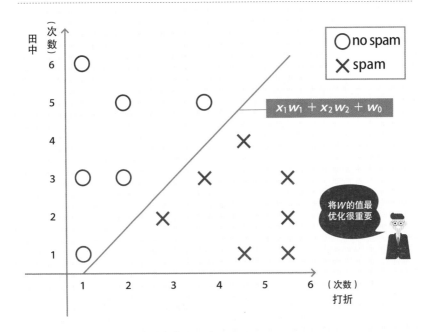

如果将上述感应机的函数变为模式图就是［07］。每个圆圈都表示神经网络中的神经元，被称为"节点"。

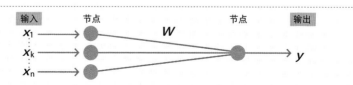

$X(x_1、x_2)$ 是"输入值"、$W(w_0、w_1、w_2)$ 为"权重"、σ 为函数（激活函数）、y 是"输出值"。神经元对于箭头相连的输入值进行某种处理，并输出给下一个神经元。［08］

［08］感应机的算式

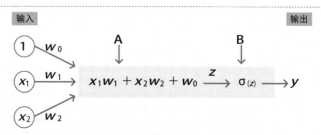

通过改变 w_0、w_1、w_2 可以进行各种画线，以此也可以进行是否是垃圾邮件的判别。

接着，让我们一起设定具体输出 0 和 1 的函数。

这次的输入值是"打折"的出现次数（x_1）和"田中"的出现次数（x_2）。w_0、w_1 和 w_2 被称为"权重"。机器学习的目的就是求"权重"的值。［08］中的大圆圈与输入相乘，在神经元中计算并进行下一个输出。

第一项是使用 x_1 和 x_2；w_0、w_1 和 w_2 计算求得［08］中的 Z，第二项计算是求得输出 y 的值，并用第一项求得的 z 值进行 y 是 0 或 1 的判断。通过这两项计算可以将输出设定为 0 或 1，当来新邮件时通过给予"打折"和"田中"出现的数量输出 0 或 1，从而判断是否属于垃圾邮件。

通过改变 w_0、w_1 和 w_2 可以进行各种画线，并借此判断是否是垃圾邮件。在机器学习中，会进行［09］中的学习模式，不断寻找可以清晰区别垃圾邮件与非垃圾邮件的权重。

［09］判断接收到的邮件是否为垃圾邮件 ②

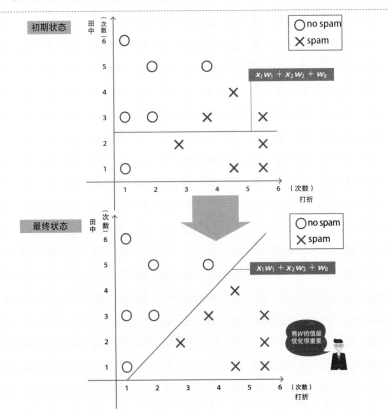

神经网络的
学习方法

神经网络是如何学习的呢？
让我们看看实际的学习步骤。

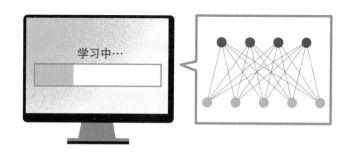

◆ 与正确答案样本误差的最小化

第 12 页到第 15 页，我们说明了如果求得了合适的 w_0、w_1、w_2 值，就可以对电子邮件是否是垃圾邮件进行分类。现在来说明如何计算它们的参数。

首先，用随机值对 w_0、w_1、w_2 进行格式化。在第一个样本中计算 y 就会输出 0 或 1，由于正确答案样本（t）已知，因此 $(t-y)^2$ 可得 0（答案正确）或 1（答案错误）。如果将正确答案和神经网络的输出的平方相加（最小二乘拟合），在 w_0、w_1 和 w_2 被正确设定时，结果则为 0。

这种计算正确答案 t 与推导值 y 之差的平方的函数被称为"损失函数"，将用损失函数计算出的损失加到所有训练样本后的函数即"成本函数"（本次为最小二乘拟合），搜索将成本函数变成最小的 w_0、w_1、w_2 的过程就是学习。

◆ 寻求的不是正确答案，而是最优值

无论是机器学习还是深度学习，它们的目标都是一样的，即"消除模型预测值与实际值之间的误差"。具体而言，只要通过函数调整各层的权重，将微分了的误差函数（用函数定义误差）的值变为 0 即可。

由于原本输入值就是多维的，所以使用神经网络解答的问题大部分都很难寻求到正确答案（将微分误差函数的值变为 0）。

因此，最终目标不是解答，而是采取搜索最优值的方法。

搜索最优值的方法被称为"随机梯度下降法"[10]。如文字所示，是沿着梯度边下降边搜索答案的方法。这里的梯度是微分，微分（坐标图的倾斜）最终达到 0 的地方（平地）就是最优值。

[10] 随机梯度下降法（Stochastic Gradient Descent）

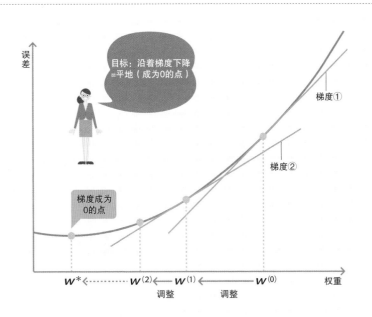

◆随机梯度下降法的问题

但是，随机梯度下降法也有一些问题。正如［11］中所示，有几个梯度为 0 的点无法发现最优值。真正的最优值被称为"全局最优值"，而表面上的最优值被称为"局部最优值"。

避免出现这一情况的方法就是扩大搜索梯度的范围（增大设定学习率的值）。但是，这个方法也可能会出现错过最优值后仍继续搜索的问题。

在深度学习中，由于权重变得复杂，很多都是至少三维以上，因此会出现在某个维上看是最优值，但从其他维看却到达了并不是最优值的点（鞍点）。

当前研究正在思考构建向哪个方向推进时增大（或缩小）学习率值才更合适的结构。

［11］随机梯度下降法的问题

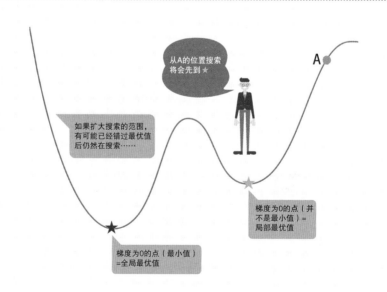

从A的位置搜索将会先到 ★

A

如果扩大搜索的范围，有可能已经错过最优值后仍然在搜索……

梯度为0的点（并不是最小值）=局部最优值

梯度为0的点（最小值）=全局最优值

◆深度学习的前身：多层感知器（Multi-Layer Perceptron）

神经网络计算中，移动输入值时会使用激活函数。当不使用 0、1，而是希望用从 0 到 1 的连续值表达时，会经常使用 Sigmoid 函数[12]（Sigmoid 函数是激活函数的一种，还有其他各种各样的函数）。Sigmoid 函数可以用连续值的方式表达从 0 到 1 的值。

[12] Sigmoid 函数

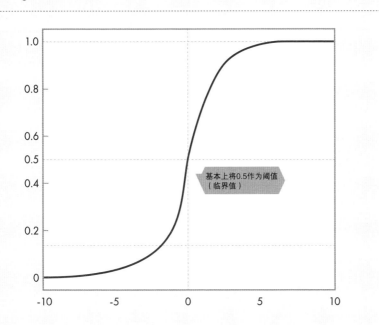

基本上将0.5作为阈值
（临界值）

通过在输入层和输出层之间追加层（隐层）以增加神经网络整体表达量的技术尝试也在进行，这就是"多层感知器"[13]。即便说是"多层"，拥有输入层和输出层的基本结构并没有改变，只是通过追加隐层，网络整体可以表现的内容增加了。

［13］多层感知器

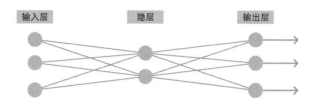

◆通过误差反向传播法学习

在上图的多层感知器中，可以进行更为复杂表达的同时，却无法像单层感知机那样直接计算误差。但是，由于发现了在网络中反方向传播误差的"误差反向传播法"，使得即使在多层中学习网络的权重也成为可能。［14］

［14］误差反向传播法

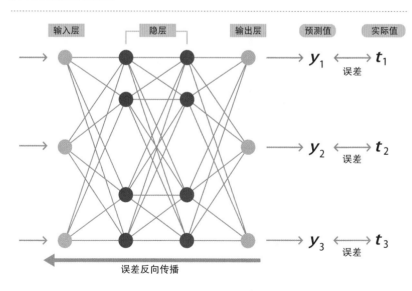

◆多层感知器存在的两个问题

如果设定为多层（深层），那么可以知道表达的幅度将会扩大，但由于长期以来始终存在两个问题，因此很难在实际中加以运用。这两个问题就是在形成多层时产生的①梯度消失和②过拟合。

多层感知器在学习时，正如"误差反向传播"其名，正确答案样本和网络输出之间的误差（梯度）将反方向传播。

①梯度消失问题是指误差并没有正确传播到输入层而是消失了。其主要原因来自网络中使用的 Sigmoid 函数所特有的现象。[15]

②过拟合问题是指多层神经网络的表达能力过高而带来的问题。也就是说，训练样本过拟合，导致训练样本在可以正确推测结论的同时，对其他图像却输出了错误的答案。由于存在这些问题，多层神经网络无法取得经得住实践检验的成果。

随着研究的不断深入，多层感知器取得了一定突破，并导致了近年来深层学习的爆发性普及。

[15] Sigmoid 函数的问题

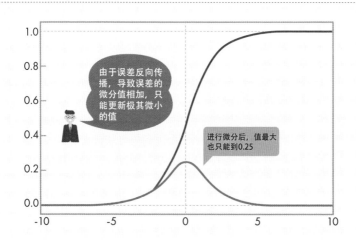

由于误差反向传播，导致误差的微分值相加，只能更新极其微小的值

进行微分后，值最大也只能到0.25

自编码器的
问世

当多层感知器面临难以解决的问题之际，2006 年，杰弗里·辛顿教授的自编码器（Autoencoder）取得了突破。

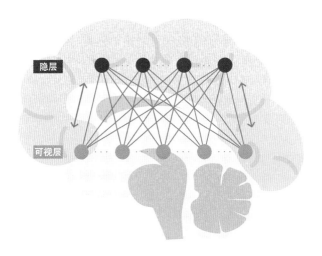

◆ "小步慢跑学习"的方法

上一小节提到的多层感知器的问题暂时没有得到解决，严冬时代仍在继续。但是，辛顿教授利用自动编码器，倡导"不是一口气而是小步慢跑地去学习"多层网络并解决问题，并由此推动了深度学习的早期研究。

自编码器是指由输入层和输出层合为一体的"可视层"，以及隐层组成的双层结构的网络。输入到可视层的信息按照隐层、可视层（输出层）的顺序传播并输出。在这个结构中，输入的信息将经过压缩被反映在隐层上。

◆进一步深化的神经网络

辛顿教授的想法是将自编码器不断积累形成"多层自编码器"，即使深入神经网络也可以通过它从离输入层近的层开始按顺序进行学习。这种按照顺序学习的方法被称为"预训练"。

但是，自编码器是只使用输入样本的"无监督学习"，并没有输出样本，因此要在不断积累叠加的自编码器后加上"逻辑回归层（输出层）"获取正确答案。最后一步是将进行深度神经网络的整体学习，使适度的误差也在以深层进行反向传播，其最终总成被称为"微调"（Fine Tuning）。[16]

可以说，多层自编码器就是由预训练和微调两个程序组成的学习方法。

［16］多层自编码器

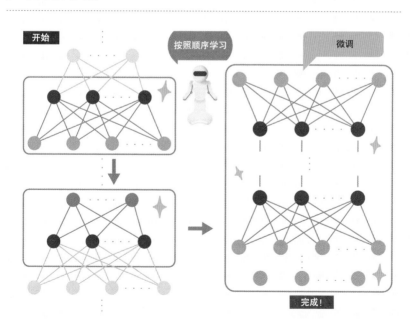

解决梯度消失、
过拟合问题

辛顿教授取得突破之后，同时随着机器性能提升，诞生了新的激活函数和解决问题的方法，深度学习进一步受到关注。

两个问题

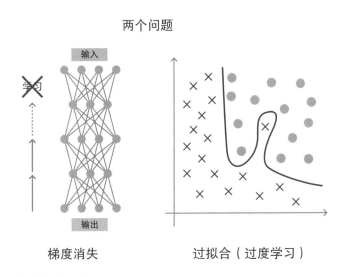

梯度消失　　　　　　　　　　过拟合（过度学习）

◆ 激活函数的种类

　　尽管 Tanh 函数比 Sigmoid 函数的精度更高，但神经网络的深化却无法防止梯度消失的问题，由此人们正在开始使用 ReLU 函数。

　　如［17］所示，ReLU 函数的形状与 Tanh 函数和 Sigmoid 函数均不相同，因为微分时的值总是 1，所以不容易发生梯度消失，原封不动学习整体深度神经网络的情况增多了。但是，如果 z 在 0 以下，微分之后的值也变成 0，因此无法很好学习的情况也时有发生。

　　当了解到通过 ReLU 函数可以提高学习精度时，人们就会思考这种函数的派生类函数。其中之一就是 LeakyReLU 函数，由于 z 在 0 之下会有较小程度的倾斜，因此即使 z 在 0 以下微分的值也不会成为 0。因此，是否比 ReLU 函数的精度更高值得期待。

但实际上，LeakyReLU 函数有时比 ReLU 函数精度高，有时精度低，很难说孰优孰劣。

［17］Tanh 函数与 ReLU 函数

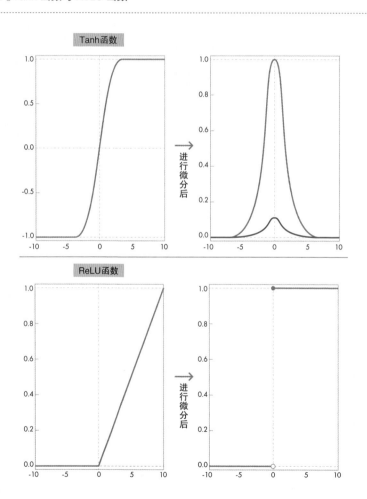

◆随机失活（Dropout）和早停法（Early Stopping）

通过激活函数和提高学习效率等，机器学习和深度学习的精度得到提升，但又出现了其他需要解决的问题。

这个问题就是对机器学习和深度学习而言可谓最大的敌人——过拟合。如果出现过拟合，学习得到的样本就很有可能无法应用于其他情况，因此必须加以避免。

解决办法之一就是随机失活，即在反复学习中，随机选择神经元并加以排除，每次都在形式不同的网络中进行学习。[18]

[18]随机失活

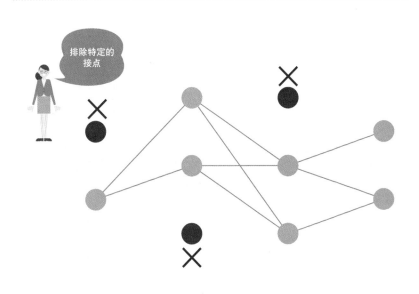

与随机失活同样，早停法也是避免在学习进程中出现过拟合的方法。如同其名，这一方法就是尽早结束学习。

◆正规化与标准化

　　对最初输入的样本进行调整处理，以便进行有效学习的方法被称为正规化。[19] 尤其是会经常进行将特征值之间的单位在 0 到 1 的范围内变换的工作。

　　此外，还有将特征值的平均设为 0、分散设为 1 的"标准化"方法。但是，这种标准化尽管对机器学习总体是有效的，但也会出现在深度神经网络学习中效果减弱的情况，为此产生注重权重初值的方法。

　　在注重权重初值的方法中，将调整初值以使每一个激活函数都可以得到充分学习。

[19] **样本的正规化**

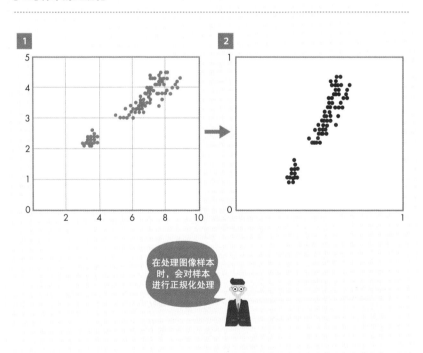

在处理图像样本时，会对样本进行正规化处理

◆深度学习的转机：2012 年

神经网络实现多层化，其技术以深度学习形式实现实用化的契机是 2012 年的视觉识别挑战赛（ILSVRC）。

在这场计算机推测图像内容以正确率高（错误率低）者获胜的竞赛中，以辛顿教授为核心开发的多伦多大学 SuperVision 以 15% 这一远低于往年错误率的绝对优势获胜。

当时，世界各国的研究者已经在使用机器学习识别图像。正如第 9 页的说明，决定机器学习性能的是人类选择的特征（所关注数据的特征）。这些特征值当然与其计算机开发团队研究人员的经验和知识相关，最前沿研究人员的水平可谓势均力敌。

挑战赛开始的 2010 年，冠军的错误率是 28%，2011 年是 26%。2012 年原本大家认为也将在 26% 前后竞争，而多伦多大学 SuperVision 以 15.3% 的纪录震惊了世界。

［20］ILSVRC 历届冠军的成绩

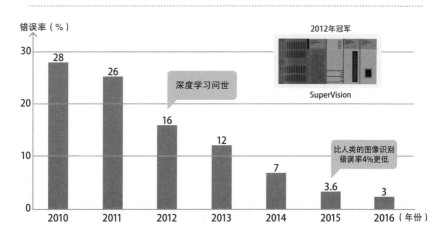

◆今后的发展路线图

SuperVision 就是基于让机器学习去发现人类选择的特征值的思路，即实现了深度学习实用化的计算机。这种思路被称为表征学习。

深度学习将得到的样本特征值进行层次化，并通过将其组合解决问题，证明了如果这项技术应用于图像识别，将得到比以往机器学习更加出色的成绩。

2012 年后，ILSVRC 的竞赛结果发生了重大变化。深层学习的层次进一步深化，图像识别的错误率急剧下降，2015 年的冠军将图像识别错误率降到了比人的 4% 错误率更低的水准，成为热门话题。[20] 从这时起，社会上开始有人认为"人工智能超越了人类"，国内外研究的实验阶段都已完成，企业实用化的案例不断增加。2016 年，阿尔法狗战胜了职业棋手。

以深度学习为中心的人工智能技术今后将向何处发展？未来前景如何？笔者在东京大学研究生院特任教授松尾丰的路线图基础之上作出了如下思考。[21]

[21] 深度学习发展路线图

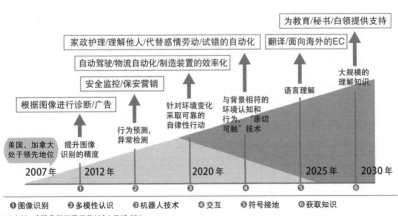

※ 出处：《深度学习活用教材》（日经 BP）

CNN（卷积神经网络）

笔者将继续介绍应用于各个领域的深度学习，
请读者先了解一下经常适用于图像样本的技术与模型。

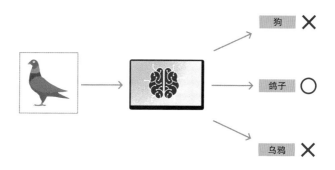

◆获得图像的特征

在深度学习实用化的研究中，取得进展最大的是图像识别、物体鉴别、区域推定等图像样本领域，这一阶段的关键是"如何获得图像特征"。

输入时必须将图像样本转换为计算机可以对应的形式，这一方法就是卷积神经网络模型。如下图所示，其基本形式为由卷积层和池化层相互交织而成的结构。［22］这两个层的作用将在第 32 页进行详细说明。

[22] 利用卷积神经网络的一般性图像识别模型

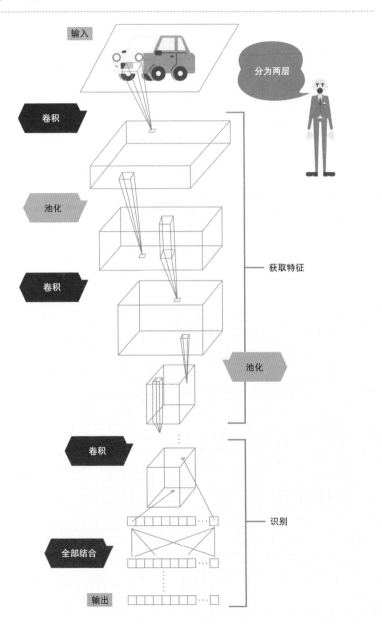

◆**卷积层的作用**

　　卷积神经网络中，卷积层的作用是将输入的三维图像转变为二维，并进一步获得保存图像位置信息的样本（获得图像特征），此时进行的操作称为"卷积"。

　　具体而言，输入的三维图像样本从左上开始依次堆叠小的滤波器（Filter，又称Kernel）。滤波器会准备多个，根据"大小""步幅"（Stride，一次堆叠后在下一次堆叠时滑动多少）、"滤波器的哪些数字突出"等条件获得图像的各种特征，通过这些操作得到的图像样本被称为特征图。在卷积层中，将学习如何对每个滤波器数字采用理想的值。[23]

　　通常的神经网络中，同样的图像位置稍微出现一点偏差就会造成输入位置的偏差而被判断为其他物体，但是通过卷积，CNN可以处理这种偏差。比如，即使观察的角度不同，也可以判断为"是猫"。

[23]**图像的卷积**

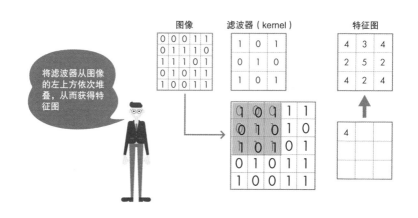

◆ 池化层的作用与识别

　　CNN 池化层的作用是将图像的尺寸按照固定的规则进行缩减（维压缩）。通过抽取卷积得到的特征图最大值，按照规则（2×2 矩阵等）进行缩减获得新的图像。比如，抽取规定的 2×2 矩阵最大值的"最大池化"和抽取 2×2 矩阵平均值的"平均池化"等[24]，这种操作称为降采样（Downsampling），新获得的图像即降采样图像。在池化层，机器在学习的同时并没有固定的值。

　　通过上述卷积层和池化层之间的反复，创建更深的神经网络。CNN的最终目的是识别"被给予（被输入）的图像是什么"，因此将如第 31 页的图与全连接层（输出层）相连接，将数据进行平坦化处理。

　　最终样本尽管不再是图像样本，但因在此之前已经在卷积层和池化层抽取了特征样本，所以是可以进行高精度预测的框架结构。

[24] 池化层的作用是维压缩

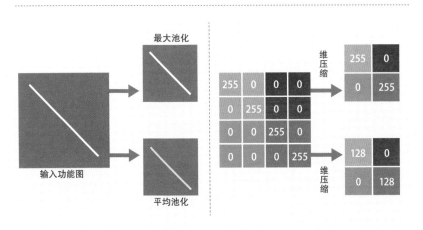

◆扩充样本提高精度

一方面，卷积和池化也是获得平移不变性的处理方法，通过增加（加深）层来提高精度。另一方面，如果是人眼，即使"观察角度不同""扩大或缩小导致观察方法不同""昼夜观察方法不同"，也可以简单识别同一物体，因此有必要让计算机学习进行同样的识别。[25]

由于将所有采集到的图像样本进行准备并输入几乎是不可能的，也就存在无法提升精度的问题，而扩充样本可作为解决方法。就是说，将已经有的图像样本按照以下方式处理，自行生成新的图像样本加以利用。

· 上下左右挪动

· 上下左右反转

· 扩大缩小

· 旋转

· 倾斜

· 部分截取

· 改变对比度（调整浓淡）

但如果随意地进行全部处理，很有可能出现意思完全不同的图像被识别为同一图像的情况。比如，如果将"点赞"进行180度的旋转则会表示完全相反的意思。因此，会在现实中尽可能的范围内进行样本扩充。

[25]**使计算机识别的信息**

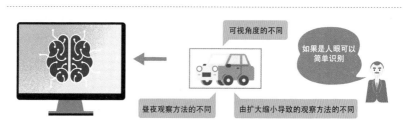

◆ CNN 的发展型

本节最后，以在图像识别领域震惊世界的 SuperVision 使用的 CNN 模型 AlexNet 为基础，介绍 CNN 的发展型。

AlexNet 在结构上增加了卷积层和池化层［26］。层增加计算量也同时增加的这一问题，可以通过使用 1×1 和 3×3 等小型矩阵的卷积滤波器来削减计算量。

此外，还有组成区块使并行计算较易进行，或跨层进行结合的神经网络等方案。

［26］AlexNet 的结构

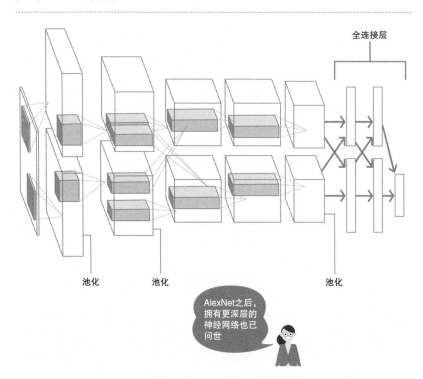

RNN（循环神经网络）

以下将介绍应用于文章翻译、检测垃圾邮件、股市预测等深度学习方法 RNN 的基本内容。

◆神经网络的两个问题

在使用神经网络的机器学习中，隐含层抽取输入样本的特征。但是，当隐含层抽取随时间变化而变化的信息时，有必要让计算机学习过去的隐含层与当前隐含层的衔接（权重）。

一般的神经网络，输入与输出的样本大小固定。当翻译文章时，如果输入英文文章而输出日语文章，文章的长短会发生变化，十分不便。[27]

此外，在神经网络中，不能学习不同时间（通过位置表示）输入信息的衔接，即无法使某个时间的样本与其他时间输入的样本发生相互作用。

[27]输入大小和输出大小发生变化则无法使用

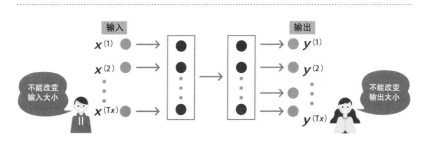

◆根据时间而变化的输入样本

早晚上下班公共交通工具的运行、日本人口年年减少等，世间存在着许多根据时间轴变化而具备某种模式的样本。利用深度学习进行预测的技术正在走向实用化，这就是循环神经网络（RNN）。

RNN 具有通过原封不动输入时间序列样本就可以使神经网络反映该样本时间信息的结构，和 CNN 一样也有多种模型，基本形态参见 [28]。

RNN 解决了上面提到的两个问题，即可以在神经网络内共享不同时间的信息并进行学习，还可以应对输入和输出样本大小产生变化的情况。

[28] RNN 的基本结构

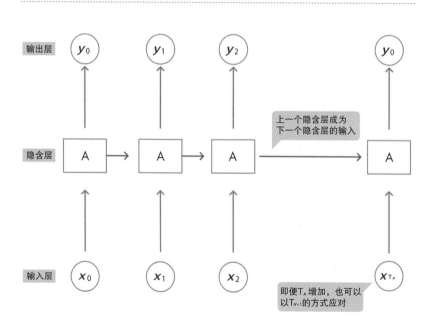

◆解决了梯度消失问题的 LSTM（长短期记忆）

看上去十分方便的 RNN，同样存在着神经网络发生梯度消失的问题，现以翻译长篇英文为例进行说明。

翻译文章时，开头出现的主语很重要。主语是单数还是复数等与全文相关，但文章变长之后，这些信息就无法很好地得以反映，为减少误差进行反向传播时误差信息消失（梯度消失问题），导致无法顺利学习。

此外，在沿时间轴展开的模式中，信息会出现某个时期有关联但在另一个时期失去关联的情况，这也会妨碍学习。此时采用的方法是改变隐含层的结构，只记住重要信息而忘却非重要信息，这就是 LSTM。[29]

具体而言，在 RNN 的隐含层中加入 LSTM 区块，采取设置将误差控制在内部的单元、在必要时期内保留信息、不必要时即予以删除的门函数等措施。

［29］LSTM 区块

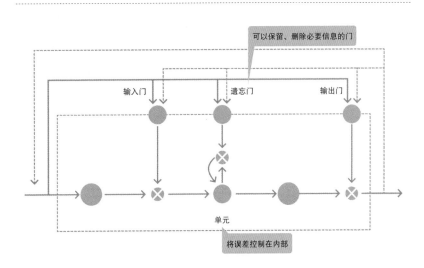

可以保留、删除必要信息的门

输入门　　遗忘门　　输出门

单元

将误差控制在内部

◆ RNN 的发展型

He said："Teddy bears are on sale!"

（"泰迪"熊正在热销！）

He said："Teddy Roosevelt was a great President!"

（"泰迪"罗斯福是伟大的总统！）

上述的英语翻译，计算机根据开始的 3 个词预测"泰迪"是人还是熊，从而产生了缺少先前信息的问题，解决这一问题的方法就是 Bi-directional RNN（BiRNN，双向 RNN）。[30]

通常的 LSTM 只能进行从前（过去）向后（未来）方向的学习，但通过将两个 LSTM 进行组合，可以实现双向学习。

[30] BiRNN

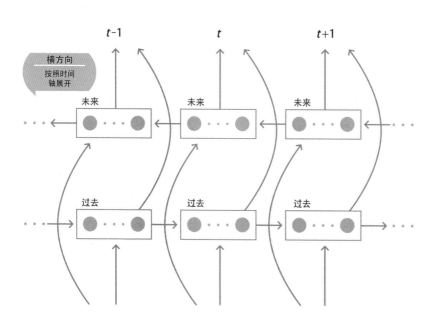

图像生成模型
GAN 和 DCGAN

本小节将介绍备受关注的深度学习新技术之一，
"生成式对抗网络"的理论与现状。

◆ 可在众多领域应用的生成模型

作为不给予正确样本而学习特征的"无监督学习"方法之一，最近颇
受关注的就是生成式对抗网络（GAN）。这项技术通过从某些图像样本中
学习特征，生成并不存在的图像样本，并可以按照已存图像样本的特征改
变原有的图像样本。

目前这一方法已在部分领域实现了实用化，比如学习某些人脸生成新
的人脸，学习游戏中的角色生成新的游戏角色，将手绘插图变为照片等。

◆ GAN 的基本结构

图像生成的基本结构参见下图。

GAN 存在生成器和判别器的概念。生成器是指将某个值（假定为"Z"）
作为输入值并输出图像样本，判别器是指将图像样本作为输入值，并识别
样本是真实数据还是由生成器生成的。

生成器是可以对多维列表进行定义的变量，被随机做成并生成图像，
判别器则对生成的图像是否真实进行判别。输入值如果是真的设定为 1，
如果是假的设定为 0，其概率反映为连续值（不是以 0、1 的值反映，而是
0~1 之间的小数点值，比如 0.64 ）。

①判别器的学习

为了生成虚假图像，要将从随机数中生成的样本给予 Z 并输入生成器。通过将生成的虚假图像样本和真实图像样本输入判别器进行学习，如果判别后的样本是真实样本则打上 1 的答案标签，如果是虚假样本则打上 0 的答案标签。

②生成器的学习

GAN 的最终输出是表示图像是否为真实图像的值（变量），生成器学习时也会使用这一变量，在包含判别器的神经网络中进行学习。通过只让生成器学习而不让判别器学习，可以使其输出正确的图像。［31］

［31］GAN 的结构

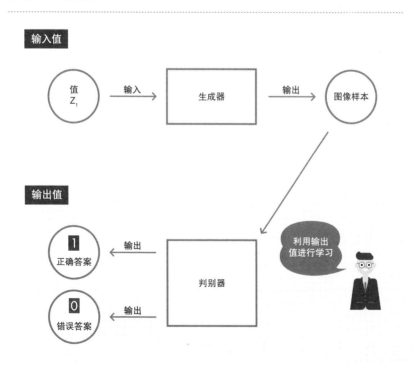

◆提升 GAN 性能的 DCGAN

GAN 生成的图像掺杂有像素噪点，导致生成图像虽然可以用人眼简单判别，但在 GAN 的框架中却无法判别。利用前文所述的 CNN（第 30 页）生成图像，这就是 DCGAN。

尽管有的论文认为 GAN 的算法没有缺陷，但如使用多层神经网络描绘文字时，没有文字的部分会出现微小的白色像素，看上去像沙画。通常的神经网络完全不去考虑相邻接点之间（即像素）的关系，因此才会出现这种像沙画的图像。而如同 DCGAN，通过使用 CNN，使用考虑像素间关联性的神经网络，就可以生成画质更佳的图像。[32]

[32] DCGAN 的结构

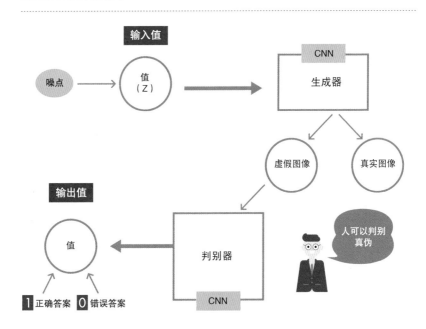

◆图像风格转换及其结构

也有使用机器学习直接从训练样本中生成输出样本的方法，即从风格图片（想要贴近某种表现手法的图像）进行转换以配适某种画风，或将原图像转换以适应作为风格图片的指定画风。

转化风格的方法正是应用了 CNN 技术。图像识别将图像表现的内容进行抽象与分类，如果从进行图像识别的神经网络中间层抽取样本，就可以保存抽象化之后的图像的信息和形状。

这样，就可以从原有图像和风格图片中抽取形状与抽象化后的样本，并生成"大致形状为原有图像、除此之外的信息与风格图片相同"的新图像信息。如果可以形成"生成此信息的输入"的反馈，则表明结构形成，即可以生成保留原图像的大致形状，通过风格图片的画风进行描绘。[33]

[33]图像风格转换示意图

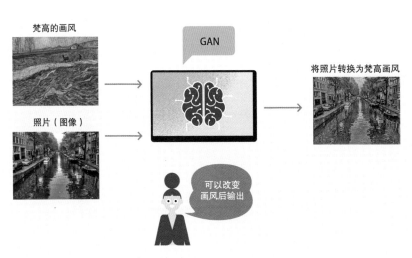

梵高的画风

照片（图像）

GAN

将照片转换为梵高画风

可以改变画风后输出

※ 出处：arXiv:1703.10593v6[cs.CV]15 Nov.2018

陆续实现实用化的深层强化学习模型

本节将首先说明机器学习方法之一"强化学习"的概况，介绍有关与深度学习相结合的深层强化学习研究。

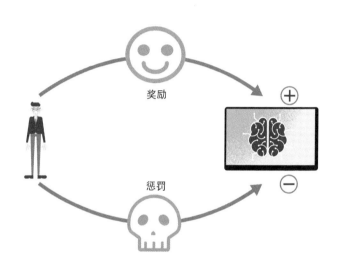

奖励

惩罚

◆监督学习、无监督学习

机器学习包含监督学习和无监督学习，但也有其他的方法——强化学习。简而言之，这个研究领域通过给予"报酬"促使计算机学习更高效、更好。

报酬包括对成功的"奖励（正报酬）"和对失败的"惩罚（负报酬）"两种，上图通过鼠标实验示意图便于我们理解这一点。学习行为在某个环境下选择特定行为时得到的报酬大小不一，并逐步从可选择的行动中采取能够得到更高报酬的行动。

◆决定行动"价值"的方法

报酬和价值很容易混淆，但二者意义并不相同。行动的价值是由通过实施这项行动直接得到的价值，以及实施可能会得到的未来（间接）报酬之和决定的。

加上未来报酬后，不仅是短期的得失，AI 还可以思考长期得失，因此十分适合应用于日本将棋、围棋等棋盘博弈的战略决策。

此外，行动的价值还会更新，以在某种状况下进行恰当的行动，缩小实际得到的报酬与设定的行动价值之间的差距。

与监督学习相比，其不同之处在于不必准备成功时的结果，计算机会自己进行如何获得报酬的学习。但是，由于现实世界中状况复杂，该模型如何表示现实世界的状况，在现实时间之内能否与行动相结合，是个令人头疼的问题。[34]

[34]更新行动价值

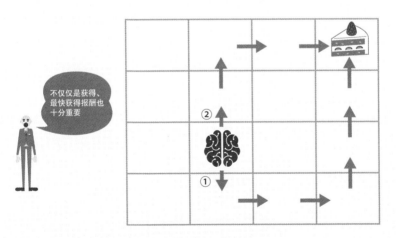

仅仅挪动1格不会得到报酬（蛋糕），但如果往右上前进就会逐渐接近报酬。
此外，不仅仅是得到、最快得到报酬也十分重要。

◆ 强化学习系统的结构

借助上一页的例子来看看强化学习的具体过程。

首先，将现在的情况输入计算机，计算机输出可供选择的各种行动的价值，并设计如何实施价值最大化的行动。

其次，在①的基础上反复进行应对情况的行动。计算机对情况和已选择之行动的价值进行学习。

最后，在学习中，将通过②获得的"应对情况的行动价值"作为正确答案样本并取代训练样本。[35]

[35] 获得更高价值的学习

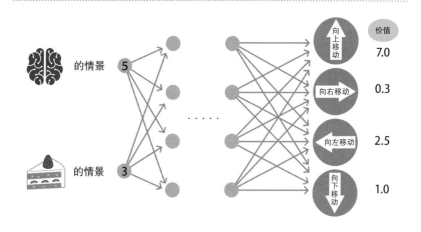

◆ 利用深度学习的强化学习

强化学习解决不了的问题在深度学习问世后得到了解决，这是因为深度学习可以在出现突发情况时着眼于有特征的部分进行计算，这被称为 DQN（Deep Q-Learing）。上一页介绍的决定行动价值时，使用的就是深度学习。

◆阿尔法狗通过深层强化学习进一步强大

阿尔法狗是在深层强化学习的研究中诞生的。此外，阿尔法狗在进行状况与行动评估时使用了 CNN，原本只是为了进行学习而利用围棋棋谱（记录落子的文字资料）。

深化版的阿尔法狗元（AlphaGo Zero）已诞生，它可以不使用棋谱而通过自己对局进行学习，比以前的阿尔法狗更加强大。[36]

近年来，作为组成人工智能的要素，深层强化学习的发展日新月异。从图像分类到物品检测、分类等图像领域，再到自然语言处理（翻译）、声音识别等领域都得到了广泛的应用。

深度学习技术仍处于这样的模式中，即一旦发表了新的研究成果，可以实际装载的代码就会被马上公开，实现商业实用化。最新成果还出现了让计算机学习制作虚假图像，并进而在虚假图像的基础上掌握判别虚假图像技术的模型。

[36] 日益强大的阿尔法狗

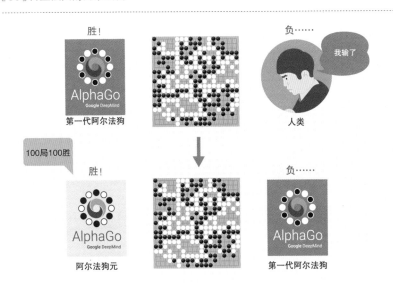

各国围绕深度学习
实用化的现状

深度学习的实用化正在全世界展开。
以中美为代表的各国有什么新动向呢？

◆美国在机器人开发上的领先地位

　　深度学习研究处于科技研发最前沿，人才争夺也格外激烈。日本企业多以本国技术人员为中心进行研发，但美国和中国则招募了包括研发在内的众多人才，处于压倒性的优势地位。在硅谷和深圳，机器人研发等创业企业层出不穷，开发各种新的服务。

　　世界范围内的服务型机器人开发盛行，物流、家政、店内等各方面的工作机器人研发不断深入。家庭和城镇等以前没有机器人涉足之处将来遇到机器人的机会也会增加。

　　机器人开发是日本引以为荣的强项，但是相关大型企业仅仅处于起步的阶段，落在了美国和中国的后面。此外，英国、法国、印度、以色列等国，利用深度学习提供特色服务的企业也在增加。

◆ GAFA 的动向

企业人工智能（AI）开发竞争中，特别值得关注的是美国四家大型全球企业 GAFA（即谷歌 Google、苹果 Apple、脸书 Face book、亚马逊 Amazon）的动向。[37]

下手最早的当属谷歌。2013 年，谷歌招募了本书多次提及的多伦多大学杰弗里·辛顿教授出任谷歌人工智能研究项目的领军人物，最近发布了构筑高精度深度神经网络使用的程序库 GPipe。

在谷歌前推出 Siri 的苹果，从 2014 年开始也有了将 Siri 变更为以神经网络为基础的系统等动向。2017 年发布的 iOS11，推出了使用机器学习和深度学习从图像中判别物体名称的应用程序。

脸书较上述两家起步稍晚，但也于 2017 年成立了自己的人工智能研究所研发新的服务。

在日本独占鳌头的亚马逊则致力于以物流自动化为目的的机器人开发，从 2017 年开始举办"亚马逊机器人挑战赛"。

[37] GAFA

致力于深度学习的实用化

脸书　苹果　谷歌　亚马逊

深度学习领域中领先
世界的企业

对深度学习的研究正以月、周为时间单位不断进化，每天都在诞生新的服务。
以下将介绍日本的竞争对手——世界顶级企业的动向。

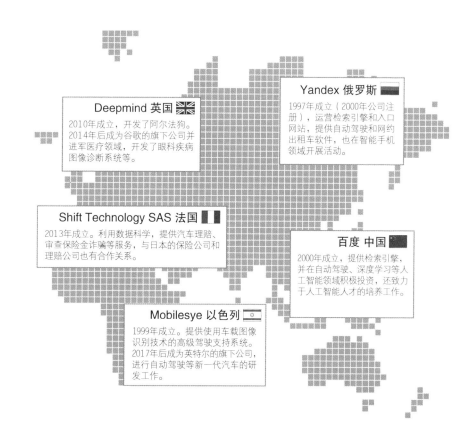

Deepmind 英国
2010年成立，开发了阿尔法狗。
2014年后成为谷歌的旗下公司并
进军医疗领域，开发了眼科疾病
图像诊断系统等。

Yandex 俄罗斯
1997年成立（2000年公司注
册），运营检索引擎和入口
网站，提供自动驾驶和网约
出租车软件，也在智能手机
领域开展活动。

Shift Technology SAS 法国
2013年成立。利用数据科学，提供汽车理赔、
审查保险金诈骗等服务，与日本的保险公司和
理赔公司也有合作关系。

百度 中国
2000年成立，提供检索引擎，
并在自动驾驶、深度学习等人
工智能领域积极投资，还致力
于人工智能人才的培养工作。

Mobilesye 以色列
1999年成立。提供使用车载图像
识别技术的高级驾驶支持系统。
2017年后成为英特尔的旗下公司，
进行自动驾驶等新一代汽车的研
发工作。

根据美国调查公司 Markets and Markets 的调查预测，依靠 2016 年已有的阶段数据深度学习的世界市场将从 2016 年到 2022 年以 65.3% 的年增长率急速扩大，其市场规模有望在 2022 年达到 17.7290 亿美元。

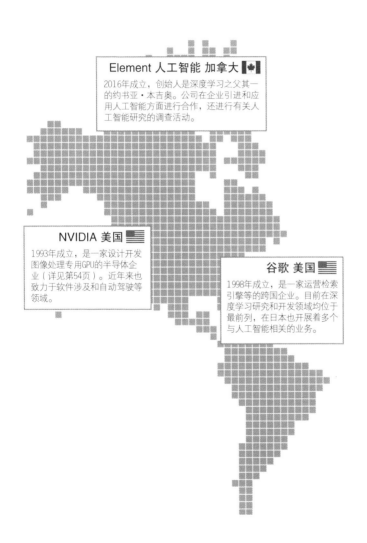

Element 人工智能 加拿大

2016年成立，创始人是深度学习之父其一的约书亚·本吉奥。公司在企业引进和应用人工智能方面进行合作，还进行有关人工智能研究的调查活动。

NVIDIA 美国

1993年成立，是一家设计开发图像处理专用GPU的半导体企业（详见第54页）。近年来也致力于软件涉及和自动驾驶等领域。

谷歌 美国

1998年成立，是一家运营检索引擎等的跨国企业。目前在深度学习研究和开发领域均位于最前列，在日本也开展着多个与人工智能相关的业务。

什么是深度学习?

1 互联网加速了机器学习的研究

人工智能程序进行自我学习的机器学习研究随着互联网的出现和发展正在加速，诞生了模仿人类大脑结构的神经网络。

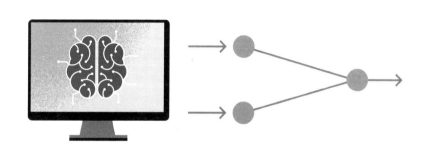

2 将神经网络多层化的深度学习

神经网络最初是只有输入层和输出层的单纯结构（单层感知机），随后发明了在输入层和输出层之间设置隐含层的三层感知机。为了解决更为复杂的问题，又发明了将神经网络多层化的深度学习。

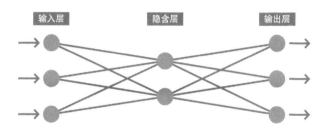

输入层　　　　隐含层　　　　输出层

第一章在回顾人工智能研究历史的同时，介绍了机器学习、神经网络直到深度学习的技术发展历程，概括有关深度学习的基础知识。

3 "特征值"与深度学习

机器学习的性能有"如何选择数据中值得关注的特征"所决定，我们将其称为特征值。尽管特征值由人选择，但实现机器自主选择特征值的就是深度学习技术。

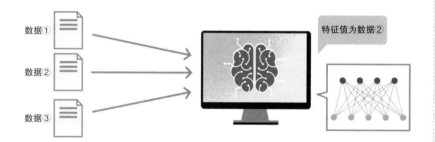

数据① 数据② 数据③ 特征值为数据②

4 研究开发与实用化

人们发明了可以解决技术问题，适用于各种用途的神经网络。在图像识别、自然语言处理、机器人等领域，深度学习的研究不断发展，并在我们的身边逐渐实现实用化。

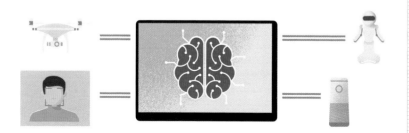

推动实现深度学习的
硬件进步

"检索的文字""投稿的图片""购买记录"等，随着互联网普及的同时积累了数量庞大的数据。作为使用数据的机器学习的一种方法，深度学习的发展离不开处理数据的计算机（硬件）的进步。

对深度学习发展作出特殊贡献的，是被称为 GPU 的图形处理器。GPU就是为了一次性处理图像类的大量数据生产出来的，与集中计算大量数据的深度学习十分适配。目前，为深度学习的计算进行特化处理的 GPGPU（通用图形处理器）已经问世，其中美国半导体企业 NVDIA 的 GPGPU 广泛使用于世界各地。

今后，深度学习的网络越是深化，所需要的计算量就越会增加。实用化越是发展，就越会继续创造出可以进行大量且高速运算的硬件产品。

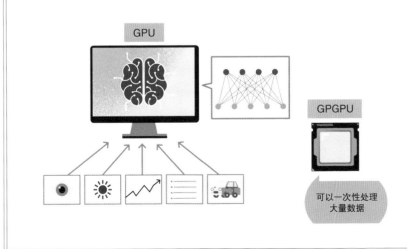

PART

2

深度学习的实用化

深度学习的应用
范围与分类

全世界都在进行深度学习研究，使其技术可以应用于各行各业。
那么，深度学习适合哪些领域，可以涵盖的范围又有多广呢？

◆ 四大应用领域

现在，企业实际上正在进行商品和服务开发的深度学习应用领域大
致可分为以下四大类。[01]

① 图像识别应用技术；

② 自然语言处理应用技术；

③ 声音处理应用技术；

④ 机器人强化学习应用技术。

第二章将介绍①—④的具体事例。

[01] 应用领域

图像识别

- 次品检测
- 异常情况检测与预防性维护保养
- 外观检查
- 自动捡料
- 农业
- 自动驾驶
- 驾驶员的健康监测
- 诊断支持
- 护理培训
- 输电线路巡检
- 异常情况监测与点检
- 自动挖掘
- 产业废弃物鉴别
- 地基分析/地质评估
- 广告点击预测
- 游戏角色生成
- 无人收银机
- 无人商店
- 手语机器人
- 物流图像识别在库管理
- 自动装盘

自然语言处理

- 基因治疗
- 广告点击预测
- 报道内容校对与自动翻译
- 制作报价单
- 用户评价分析
- 股价预测/监测不正当交易

机器人强化学习

- 自动捡料
- 散播农药
- 自动驾驶
- 机器人出租车
- 看护机器人
- 裂纹损伤检测
- 输电线路巡检
- 自动挖掘
- 产业废弃物鉴别
- 智能音箱
- 手语机器人
- 预防盗窃
- 自动装盘

声音处理

- 生产过程异常情况检测
- 智能音箱
- 无人收银机
- 手语机器人

次品检测

图像识别的领域正在不断扩大，一直被认为是个难题的"依赖人类能力和感觉的工程"领域也开始了深度学习应用。

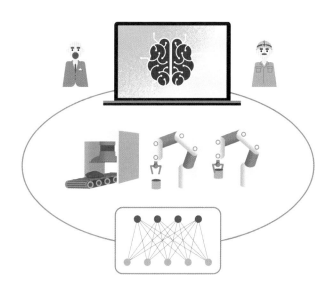

◆ **制造业中的次品**

　　图像识别中，应用深度学习最易理解的事例是制造业中的次品检测。次品检测包括从按照磨具生产、组装的精密仪器零部件——也是几乎不会产生次品的零部件——中检测次品，以及检测有形状等差异的食品类商品中检测次品的情况。

　　无论应用于何种场景，原来多是由具备成熟技术的员工在制造现场进行判断，旨在减轻负担的实用化不断取得新进展。

◆ 从大量的合格品样本中进行学习

例如，以一台为单位组装并出货的定制笔记本计算机和平板计算机生厂商岛根富士通工厂，在生产组装线上通过独自的图像识别人工智能自动生成检测算法以提高检测精度。

由于生产过程中产生次品的频度较小，计算机学习次品样本特征比较困难，故采用"学习合格品的特征，将与其特征差别较大者视为次品加以检测"的方法。其结果是计算机在检测次品中实现了与熟练员工相同或更高的精度。[02]

岛根富士通还引进了学习接触不良等次品图像的软件，对误检品图像进行二次学习，以进一步提高检测率。

[02]岛根富士通的生产线

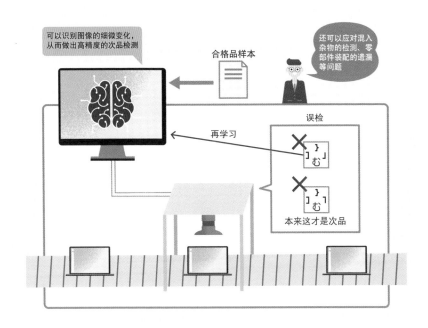

◆ 探测生产过程中的异常，使生产率倍增

随着图像解析技术进步，合格品和次品的特征存在个体差的食品原材料也可以进行次品检测了。不仅仅检测生产出来的商品，食品生产工程（生产线上）的次品检测也在发展，丘比公司正可谓这一领域的代表。

与上文介绍的机器零部件一样，丘比公司使用了"学习合格品特征，不具备这些特征即为次品"的方法。具体而言，就是在生产线上采用①检测异物混入和次品，②解析原材料的摄影数据以检测出变色物体这两种方法，将次品捡出生产线之后再进行商品生产。［03］据报告，结果使生产率提高了一倍。

［03］丘比的生产线

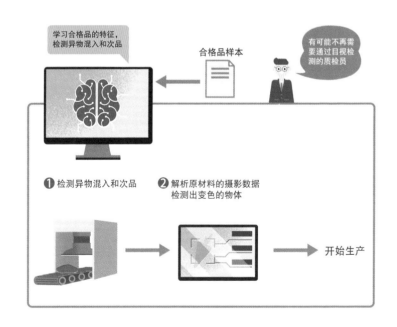

◆ 从机器运转音中检测生产过程的异常

生产线上检测次品的方法不仅仅是图像解析，NTT 集团开发出了通过学习机器正常运转声音以检测异常运转音的声音解析算法。将声音数值化后，发生异常声音时通过图表等方式较易发现问题，有助于在第一时间感知异常。[04]

这项技术已经实现了在经常发出巨大声响的车间内也能进行检测的水平，还可用于设置在人无法进入的场所中的生产设备的保养与维护。

深度学习技术不仅可用于代替人眼检查次品，并已经发展到通过检测生产线设备异常音来迅速防止出现次品的阶段。

[04]NTT 集团的生产线

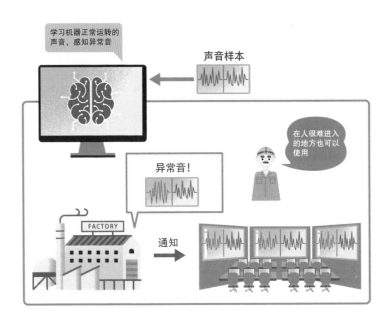

外观检查

哪怕只是忽视了一点小瑕疵，也会对产品整体造成恶劣影响。

而通过深度学习，却可以进行判别。

经常保持学习的人工智能其正确率将飞速提升。

◆ 不会遗漏一点瑕疵的外观检查

在生产过程中出现破损、形状发生变化的产品会被判定为次品，不能出厂，因此外观检查十分重要。瑕疵和破损存在仅靠人眼无法判别的细小部分，为提高精度，会采用显微镜和 CCD 相机等，通过照射激光观察反射和折射情况、利用磁性探伤等各种方法。

外观检查除了必要的先进技术外，对于精神和肉体都有很严酷的要求。特别是生产微米级瑕疵就会影响产品整体品质的零部件厂商，不允许哪怕极其细微的疏忽产生。近年来，通过深度学习提高人工智能的图像识别精度以判断表面伤痕的仪器正在开发。

◆ 通过热图马上了解检测结果

丰田汽车在被称为前轮壳的轮轴零件锻造工程中，引进了 CEC 公司的 WiseImaging 的人工智能系统，[05]这个系统通过将不同特征以颜色强弱可视化的热图（Heat Map）来检测次品。通过热图，可以判断是否为合格品的特征，使人工智能的判断标准易于理解。

尽管现在比较合格品和次品仍停留在"监督学习"，但今后向根据合格品特征的"无监督学习"转型也在探讨之中。

[05]丰田汽车的前轮毂锻造工程

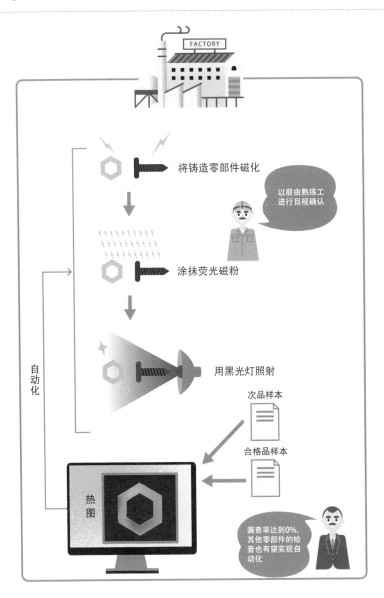

将铸造零部件磁化

以前由熟练工进行目视确认

涂抹荧光磁粉

用黑光灯照射

次品样本

合格品样本

自动化

热图

漏查率达到0%，其他零部件的检查也有望实现自动化

自动捡料

对人类而言的机械性工作，有时却需要先进技术才能让机器人实现。
在自动捡料领域，深度学习也发挥着作用。

◆ 对机械手高精尖动作的要求

机械手抓取对象物品时，如果物品总是在固定尺寸和位置的流水线
上，就可以反复进行相同工作。但是，如果要从混杂在一起的众多零部
件中挑拣小零件，则必须进行复杂的设定。

如果是以前的机械手，当机器人的头部扎入深箱子时，会产生干扰
从而无法顺利工作。

为了避免这种干扰，就有必要对机械手发出旨在能于深箱中活动的
精细动作的指令。但现实却是机械手只能从较浅且平放的箱子中进行零
部件捡料。

◆ 通过仿真机捡料

开发机器人控制器的 MUJIN 已经开发出了可以不需要人进行细节指
示，通过自动机器人动作生成从箱子底部进行捡料的机器。[06] 具体而
言，通过让内置的仿真机学习，不需要设定细节动作就可以工作，因具
备回避干扰的功能，也可以进行高精度的捡料工作。

以往，如果零部件的摆放布局发生变化，就需要"从头开始重新设
定"，现在已不需要如此。利用深度学习，机械手能实现依次分拣各种形
状不同的零部件，通过加大速率进一步提高工作效率。

［06］MUJIN 的自动捡料

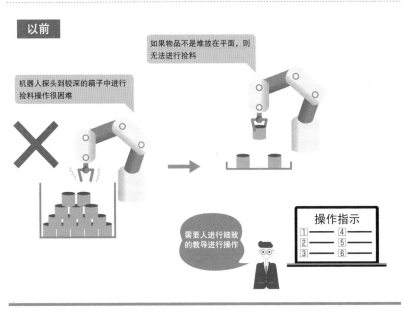

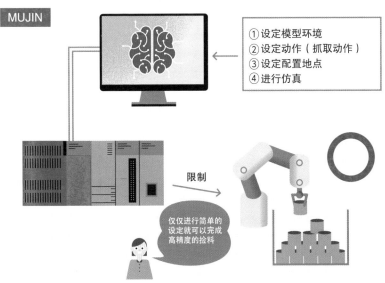

农业

电视剧中出现了自动驾驶拖拉机的身影。

农业领域要求自动化、效率化的呼声正在高涨。

面临老龄化和后继者不足等问题的日本农业，可以通过深度学习迎来光明的未来。

◆ 通过解析视频图像培育甜西红柿

尽管每年专职农民都在减少，但支撑日本人饮食的农业却是不可或缺的产业。为实现农业效率化，利用深度学习的农用机器人正在开发中。

利用人造卫星定位信息服务的无人驾驶拖拉机开发尽管也是其中之一，但农业的目的不仅仅是耕地。

静冈大学和科学技术振兴机构（JST）正在西红柿栽培中利用深度学习，测量塑料大棚内的各种数据并进行学习，推进栽培实验。[07]培育甜西红柿的关键是浇水量，通过视频图像解析，发现西红柿叶子的枯萎方式是判断标准之一，从而有望发现新的栽培方法。

◆ 点对点播撒农药降低成本

OPTiM 公司正在开发通过深度学习进行点对点播撒农药的系统，用无人机对农田进行全面的频谱摄影，根据土壤和叶子的颜色变化等瞄准害虫所在之处，仅向害虫所在之处播撒农药。

如果可以划定播撒农药的地点，就不用向不需要的地方播撒农药，有利于提高作物的品质和安全性。此外，还可以大幅度削减农药开支，有助于更高效的生产。

[07] 静冈大学与 JST 的西红柿栽培实验和 OPTiM 的农药播撒

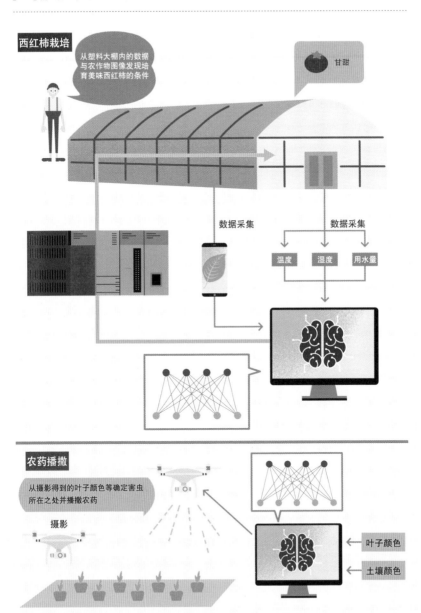

西红柿栽培

从塑料大棚内的数据与农作物图像发现培育美味西红柿的条件

甘甜

数据采集

数据采集

温度　湿度　用水量

农药播撒

从摄影得到的叶子颜色等确定害虫所在之处并播撒农药

摄影

叶子颜色

土壤颜色

自动驾驶

最受关注的人工智能应用莫过于汽车等报备的自动驾驶技术。
即使实现完全自动化尚需时日，但部分技术已经开始了其实用化进程。

◆ 日本政府与企业共同推动的自动驾驶实用化

从内阁到国土交通省等日本的国家机关，再到丰田、日产等汽车厂商，都致力于实现自动驾驶汽车的实用化。

自动驾驶是人工智能技术的结晶。实际行车时，除了驾驶员的操作信息外，汽车还能获得摄像头、扫描器等来自外部传感器的外部信息，以及来自 GPS 的定位信息、来自无线通信的车辆行人信息和交通拥堵信息等大量数据。对这些信息进行分析与判断的就是人工智能。

借助深度学习，人工智能学习路况、天气等各种驾驶条件，再将这些信息反映在油门和刹车等驾驶操作上。

◆ 深度学习是实现自动驾驶的核心

被誉为拥有世界上最发达自动驾驶技术的电动汽车企业特斯拉，其自动驾驶汽车装载了 8 个摄像头和 12 个传感器。

丰田汽车则装载了前方和左右侧共 3 个摄像头，实现了信号灯路口的临时停车和左右转弯操作。人工智能进一步利用深度学习之一的 RNN 学习复杂的交通情况，提升预测风险的精度。[08]

自动驾驶的实用化尽管也存在着配套法规和提升安全性等必须解决的课题，但可以说，实现实用化已进入倒数计时阶段。

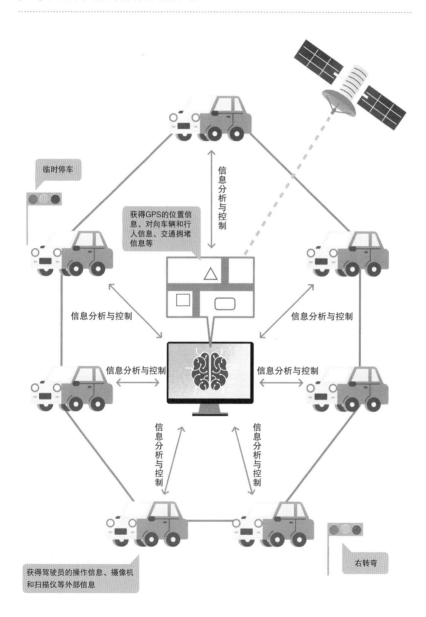

临时停车

信息分析与控制

获得GPS的位置信息、对向车辆和行人信息、交通拥堵信息等

信息分析与控制

信息分析与控制

信息分析与控制

信息分析与控制

信息分析与控制

获得驾驶员的操作信息、摄像机和扫描仪等外部信息

右转弯

机器人出租车

以自动驾驶为前提的移动服务就是机器人出租车。

无人化可以提高驾驶员、使用者的安全性和便捷性，有望成为一举改变交通事业的创新。

◆ 技术问题基本已经解决

根据日本内阁IT综合战略室的设想，日本将在2020年之前实现无人自动驾驶的移动服务，2022年之前实现自动驾驶卡车在高速公路的车队运行。在美国企业中，从谷歌独立出来的Waymo开始机器人出租车试运营，400人以上正在接受免费服务。

日本的机器人出租车是解决老龄化社会问题备受关注的手段，为购物困难者提供救助，解决驾驶员不足、缓和驾驶员与乘客的矛盾，缓解交通拥堵、减少交通事故等各种问题。

机器人出租车已经进入技术问题基本解决的阶段，但是，也出现了机器人出租车引起的交通事故。为了提升安全性，有必要事先在虚拟空间进行仿真、积累在公用道路上的实验数据，通过深度学习进行学习。[09]

◆ 各企业在机器人出租车领域的进展

2017年，自动驾驶技术的开发公司ZMP与开发3D测绘的人工智能san Technology公司展开合作，在公共道路上使用远程操控自动驾驶系统进行验证测试。IT企业表现得比汽车企业更加积极，DeNA同样开始了自动驾驶的验证测试，并计划在2019年正式提供服务。

软银的合并公司SB驾驶，也在日本各地进行利用自动驾驶巡回巴士开展快递服务的验证测试。

[09] 机器人出租车等的实现前景如何？

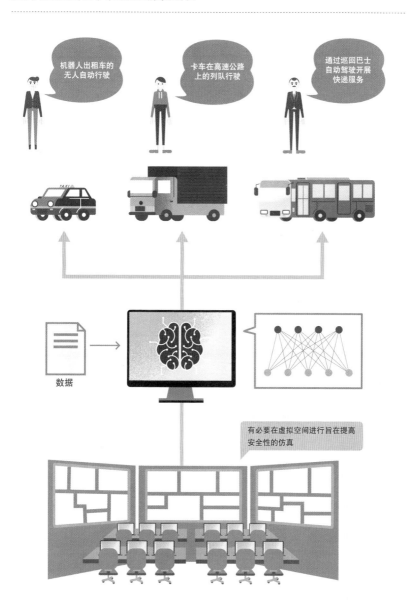

交通需求预测

利用互联网和人工智能，将有需求的人与空车进行匹配。

如果对交通需求进行准确的预测，有助于缓解交通拥堵、减少尾气排放。

◆ 有一半的出租车在空驶

想乘坐出租车时出租车久等不来，而乘客少的出租车停放点，空车却排队等候乘客。出租车行业是一个很难掌握供给需求平衡的服务行业，甚至有人认为出租车的空车行驶率达 50%。

如果想乘坐出租车的人可以利用手机应用程序轻松简单地叫到出租车，出租车司机也就不再需要浪费等待乘客的时间。进而言之，如果人工智能可以预测交通需求，将出租车调配到候车人多的地点，对于经验不足的新手司机以及使用者来说都更为便捷。出租车运行顺畅可以控制空驶的燃料消费、减轻出租车司机的负担，而空车行驶减少也将缓解交通拥堵。

◆ 从过去的各种数据中预测需求

索尼向出租车公司提供预测服务，将出租车叫车需求、可能有乘车需求方向的信息显示在平板电脑上，通过分析人口统计、气象数据、过去出租车的运行数据等，提示眼下需要出租车的区域。司机在平板电脑地图显示的地区内行驶更容易发现乘客。[10]

此外，静冈铁道正在实验向目的地不同的乘客提供最佳路线建议，日本不允许出租车拼车。这项实验成功则有望在缓解交通拥堵和解决供需不平衡等问题上发挥作用。

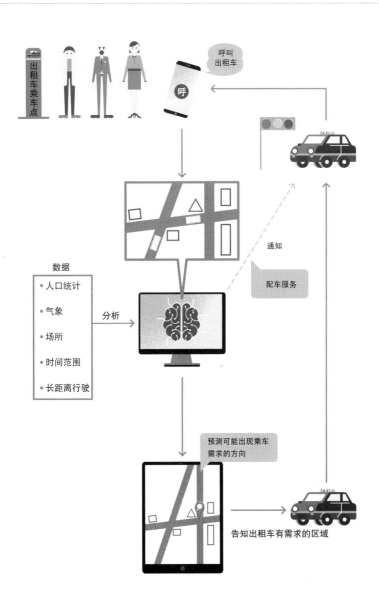

保护驾驶员

自动驾驶的最终目标是无人驾驶汽车。

实现这一目标之前还有很多问题，现实中，驾驶员操作方向盘是理所当然的事情。

车与人协调是安全驾驶之必须。

◆ 自动驾驶中也监测驾驶员的状态

即便自动驾驶普及，肯定也会有人觉得自己驾驶有乐趣吧。自动驾驶汽车的人工智能为了在自动驾驶陷入困难状态后有备无患，装备有可以切换到驾驶员驾驶的设备。

但是，如果自动驾驶中驾驶员睡着了，仅仅依靠显示器的表示无法引起驾驶员的注意，这时就需要声音提醒。如果实现了自动驾驶，就有必要随时监控驾驶员的这种状态。[11]

即使是非自动驾驶的普通车，当驾驶员健康状态突然发生变化无法继续驾驶时，也有可能导致重大事故。因此，人们正在开发通过深度学习监测驾驶员状态的系统。

◆ 通过车载摄像头掌握驾驶员的健康状态

通过面部识别技术掌握驾驶员驾驶状态的摄像头和传感器正在开发之中。PUX 公司正在开发摄像头检测到有打盹或看手机等危险行为后发出警报声的系统。

如果对深度学习的利用进一步发展，在自动驾驶时也可以确认驾驶员的状态，甚至用途可能会更广。生产开发医疗健康仪器的欧姆龙正在计划开发通过脉搏等生理信息检查驾驶员健康状态的技术。

[11]确认驾驶员状态的系统

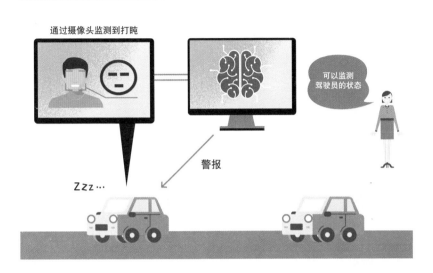

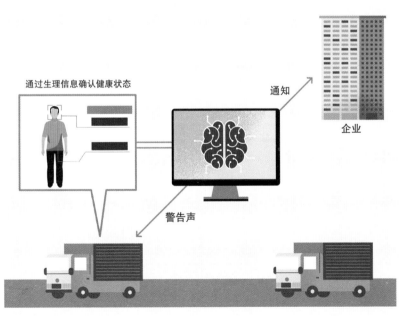

诊断支持

人工智能最值得期待的贡献是医疗领域。

基于图像诊断和深度学习的特征抽取能力，其捕捉任何细微变化的能力将为医生的诊断提供支持。

医生的负担及诊疗中的疏忽风险有望减轻。

◆ 诊断支持可使医患双方受益

无论是经验多么丰富的医生，也不可能精通所有疾病。尤其是在癌症早期时，会存在疏漏小病灶的可能性，因此有必要提高图像诊断的解析精度，开发可以发现类似病状的系统。人工智能诊断支持无论是对医生还是对于患者来说都是值得信赖的存在。

东京大学医院已经将匿名处理后的众多病例制成数据库，可以借此检索类似的病症。此外，也开始了使用智能手机等检查、储存患者数据并由人工智能进行解析的服务。

◆ 推动医疗技术飞速提升的图像诊断

人工智能最为活跃的领域可谓是图像诊断，因为即使使用内窥镜等进行检查，要想通过肉眼发现极小的息肉和肿瘤也非常困难。

为此，人们正在开发解析医疗用图像并为医生诊断提供支持的系统。奥林巴斯（Olympus Gorporation）开发的 EndoBRAIN 是一个使用超放大内窥镜解析图像，判断是否是肿瘤的软件。［12］在临床试验中证明了具有足以匹敌专业医生的 98% 的诊断准确率，从而获得了先进管理医疗仪器认证。辅助医生进行诊断的这一技术正在走向实用化。

如果技术进一步发展，其他部位的诊断支持自不必说，从图像可以提出可疑病症名称的诊断支持也有可能成为现实。

［12］奥林巴斯的 EndoBRAIN

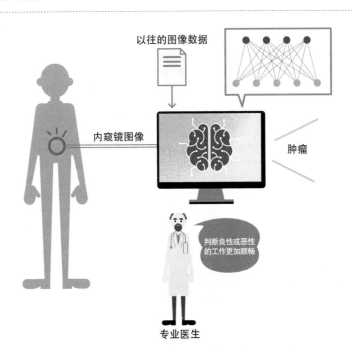

◆ 从 CT 和 MR 图像中检测疾病

深度学习在 X 光、CT、MR（磁共振）图像方面的应用也在发展。富士胶卷正在通过利用突出细血管、突出不同颜色等先进图像处理功能，开发独有诊断支持技术。

使用这些图像数据，有望在以下 3 方面发挥作用：①识别内脏器官；②对检测和识别疾病提供支持；③对医生的操作提供支持。

特别是②，鉴别疾病的人工智能技术开发不断进展，可以防止疏忽癌症和脑血栓症状并检查病灶是否转移。在③上，可以进行病症检索、半自动制成 X 光线图像报告等工作，以往耗时费力的工作可以在短时间内没有负担地完成。[13]

[13]富士胶卷的图像诊断

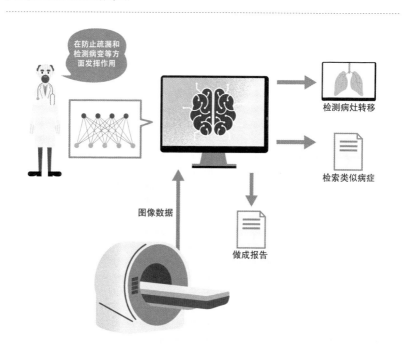

◆ 为视网膜脱离的诊断提供支持

在用肉眼和照相机难以确认的部分诊断中，深度学习也可以发挥作用。从事科学研究开发的一般财团法人高度情报科学技术研究机构（RIST）与三荣会塚崎医院眼科合作，正在开发使用深度学习，简单诊断视网膜脱离的系统[14]。

从眼睛外部无法诊断直接关系到失明的视网膜脱离，必须通过眼底检查进行观察。这一系统将使用比普通眼底照相机更先进的高精度广角眼底照相机。人工智能通过学习正常视网膜和视网膜脱离状态的广角眼底检查信息，判断视网膜是否脱离。采用这种检查方法，可以防止检查疏漏，使远程检查与诊断成为可能。

[14]RIST 与三荣会塚崎医院眼科合作的视网膜脱离诊断

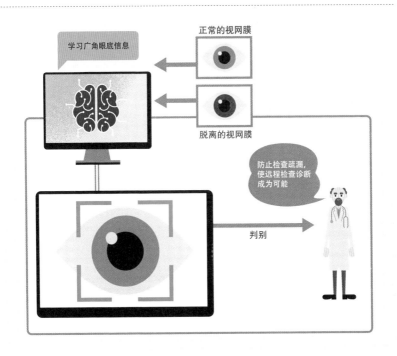

创制新药

日本是亚洲唯一可以开发新药的国家。

但是，创制新药无论是时间上还是成本上都耗费巨大。

深度学习能在筛选庞大药物成分的有效成分中发挥作用，这一研究不断深化。

◆ 需要巨额投资的创新药物

新药开发的第一步是找到可以作用于疾病的先导化合物，其后通过毒性试验和临床试验进行检查和验证。

由于新药开发需要耗费大量时间与费用，有时会由几家企业共同开发，其中大部分用于作为新药基础的先导化合物不断提高其有效性，优化药物结构式。而这一最优化工作就可以利用深度学习。

◆ 削减研发成本、提高精度

创制新药的创业企业 Atomwise 利用深度学习实现先导化合物的最优化，为了缩短时间，公司采用虚拟筛选（Virtual Screening）的方法，即利用超级计算机和人工智能调查分子结构进行合成与试验。当前，利用 AI 一天可以合成、试验 1 000 万种以上的化合物，最终目标是 1 天 1 亿种。[15]

Atomwise 还与大型制药企业、进行相关研究的大学等合作，同时推动多个项目的发展，一并进行着需要新治疗方法疾病的药物化合物验证工作。

此外，韩国的 KAIST（大学）正在开发预测药物副作用的系统，将有助于预测副作用出现的原因以及可控制副作用的替代药物等方面。

[15] Atomwise 的先导化合物最优化

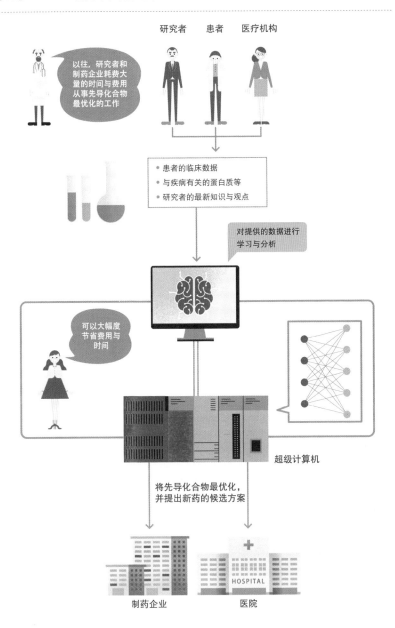

基因治疗

不仅仅是针对疾病的支持医疗，探索疾病起因下人体秘密的研究也在进行。

从人类遗传基因的信息中解开疾病之谜，通过利用人工智能应会取得飞跃性的

进步。

◆ 缩短使用庞大数据量进行验证的时间

京都大学研究生院利用其医学部附属医院的临床数据进行个性化治疗与预测治疗研究。特别是在癌症治疗中备受关注的基因治疗领域（基于每个人不同的基因信息进行的治疗），深度学习的使用十分值得期待。[16]

具体而言，这一方法就是让计算机学习有关癌症治疗的论文，并通过与患者的基因信息结合，决定有特效的治疗药物。

借助英特尔和谷歌等正在开发的工具，以往因数据量庞大而难以计算的基因治疗有望大幅度缩短专业医生查询和检测的时间。

◆ 因人而异的最优化治疗

日立制作所和日本国立遗传学研究所正在世界各国研究者通用的国际核苷酸序列数据库等的数据基础上，建设先进的基因解析支持系统环境。使用深度学习技术，就可以根据患者个人详细状况进行最优化治疗。

深度学习在医疗业界的应用还存在众多课题，比如人类很难去验证人工智能推定的结果。但医疗责任还是要由医生承担，因此将推定理由和根据予以可视化的研究也在进行之中。

［16］深度学习在基因治疗中的应用

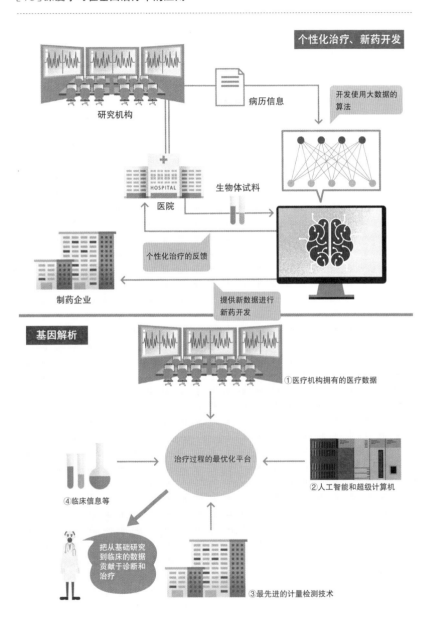

个性化治疗、新药开发

研究机构

病历信息

开发使用大数据的算法

医院

HOSPITAL

生物体试料

个性化治疗的反馈

制药企业

提供新数据进行新药开发

基因解析

①医疗机构拥有的医疗数据

治疗过程的最优化平台

②人工智能和超级计算机

④临床信息等

把从基础研究到临床的数据贡献于诊断和治疗

③最先进的计量检测技术

护理教练与看护机器人

在老龄化社会成为现实的日本，护理业严重人手不足的状况令人担忧。

从培养人才到引进看护机器人，护理领域如何利用人工智能成为当务之急。

◆ 通过教练提高人才培养效率

2025 年，65 岁以上的老年人将占日本总人口的 30%，其中又有 20% 可能是老年痴呆患者。护理师的工作本就十分辛劳，辞职率也很高，可以预想到他们的负担将进一步增加。如何提高工作效率、减轻护理师的负担，是今后需要解决的课题。

因此，科研人员提出以培养人才为目的、利用深度学习的"护理教练"项目。由熟练的护理师观察、确认新护理师的护理情况并提出建议，进行下一次护理时，则由学习了熟练护理师建议的人工智能进行解析和评估。［17］

如果采用这种方法，即使熟练护理师不在身边，新护理师也可以得到准确的指导，提升护理技能，有望减轻护理师精神和身体两方面的负担。

◆ 机器人进行会话，提出改善营养的建议

在护理第一线，机器人正逐步成为必不可少的存在。可以进行会话、装载多个娱乐程序、提出营养改善建议的机器人已步入实用化阶段。这些机器人拥有人脸识别功能，会学习使用者的特征以提供个性化服务。

辅助进行对护理方和被护理方双方而言都是重大负担的穿脱衣工作的机器人也在研发当中。

[17]利用于护理第一线的深度学习

护理教练

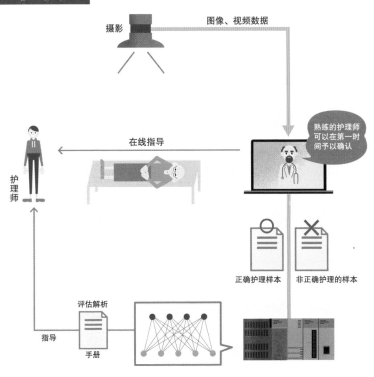

摄影 ——— 图像、视频数据

熟练的护理师可以在第一时间予以确认

在线指导

护理师

正确护理样本 非正确护理的样本

评估解析

指导 手册

看护机器人

会话

提出营养改善建议

SECTION 14: 深度学习改变基础建设 ①

裂纹、损伤检测

日本高速经济增长已经过了 50 年，钢筋混凝土建筑已接近使用年限。

在伴随着危险的建设工程和建筑工地上，引进旨在安全及效率化的人工智能已迫在眉睫。

◆ 不断老旧的钢筋混凝土基础设施

日本很多楼宇、道路、隧道等基础设施都是在经济高速增长后迅速建造的，历经 50 年的风雨，这些设施的老化日趋严重。

尽管日本法律规定了每五年通过目视进行一次点检的义务，但需要养护的基础设施数量十分庞大。危险且为劳动密集型的建筑业和土木行业的就业人员呈现减少倾向，因此利用深度学习、探寻安全高效养护方法的研究正在发展。

◆ 道路桥梁养护的效率化

日本国立研究开发法人土木研究所从 2018 年开始与茨城县、富山市、日立制作所、富士通、三菱电机、理化学研究所等合作推进利用深度学习实现桥梁点检与养护效率化的研究。[18]

具体而言，除了通过图像解析发现需要进行点检的部位、分析获取数据、将熟练技术员工的经验进行数字化等诊断支持外，还在进行多种人工智能技术的开发。力争实现从点检裂纹、腐蚀等直到数据基础开发的一体化。

拥有先进图像解析技术的富士胶卷开发了用于对社会基础设施进行图像诊断的服务"发现裂纹"，可以完成从定期点检到修补等一系列工作。"发现裂纹"可以自动合成摄影图像，检测裂纹和伤痕，还可以自动计算裂纹伤痕的尺寸（长宽），并向 CAD 输出数据。

[18]土木研究所的道路桥梁养护

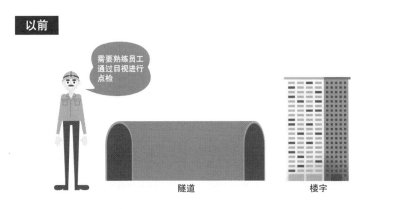

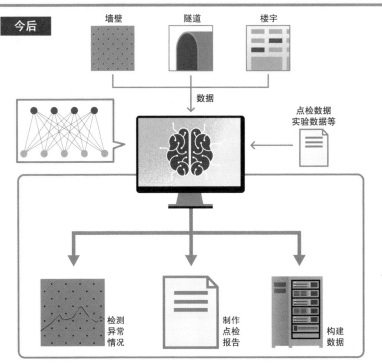

输电线路巡检

一条输电线路影响着很多人的生活。

输电线路点检是一项专业性很强的工作。

正在摸索通过深度学习提高检测性能，构筑可以切实实施检查的系统。

◆ 通过竞争性学习方法提高识别性能

目前，输电线路的巡检工作由具备丰富经验的专家通过目视进行。但是，由于检测到异常情况的机会很少，培养经验难有进展。

在异常情况较少的一线工作中，无法向人工智能提供充足的判断资料。为此，可采用利用 GAN 生成虚假的异常图像，学习图像识别模型的方法。

东芝数字解决方案公司（Toshiba Digital Solutions Corporation）除采用真实学习图像外，还增加新生成的学习用图像进行学习的方法。[19]

GAN 使用生成图像模型，以及对生成图像进行是真实图像还是虚假图像进行判断等两种模型。这两种模型进行竞争，加强学习深度，可以获得精度更高的生成图像。

◆ 实现输电线路的 3D 建模

对高处的点检还可以使用无人机。提供产业用无人机服务的 Terra Drone 公司，在泰国和波兰从事输电线路位置调查、制作输电线路走廊、树障清理报告等工作。此外，该公司还根据搭载摄像头的无人机获取到的数据制作了输电线路 3D 地图。

以往巡检使用直升机，通过技术人员目视实现，新的方法有望控制这一部分的成本，实现更加细致精确的巡检和管理。

[19] 利用 GAN 实现输电线路 3D 建模的实用化

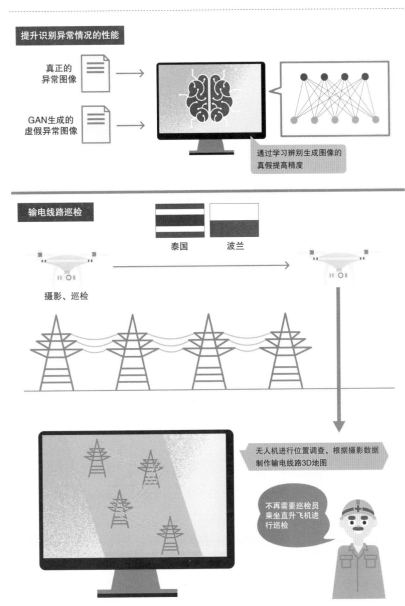

提升识别异常情况的性能

真正的异常图像

GAN生成的虚假异常图像

通过学习辨别生成图像的真假提高精度

输电线路巡检

泰国 波兰

摄影、巡检

无人机进行位置调查，根据摄影数据制作输电线路3D地图

不再需要巡检员乘坐直升飞机进行巡检

异常检测、预防性维护保养

预防性维护保养是指为使机器设备稳定工作而实施的定期维护保养。
通过深度学习分析 IOT 数据，构筑预测故障和发生问题的系统。

◆ 进入预知故障而非事后处理的时代

在工业领域，机械问题故障是常有之事，局部故障影响机器整体也时有发生。控制这种风险、将设备环境保持在最佳状态的方法，就是预防性维护保养。

维护保养有必要通过使用频率去掌握机器磨耗和使用年限，确定合适的更换时期。定期维护保养自不必说，对机器的知识与操作熟练程度也都与尽早觉察故障风险相关。但是，维护保养领域经验十分重要，实现利用深度学习技术发现故障征兆的预防性维护保养，取代现有方法迫在眉睫。

◆ 比人更早检测到异常并自动控制

日立造船和日本 IBM 开发的垃圾焚烧工厂最佳运转管理系统，如果投入实用，将比熟练操作员更早检测到异常情况，并进一步控制气体排放和二噁英类物质的排放，预测高效燃烧条件的焚烧模式，推进制定旨在维持稳定燃烧条件的理想控制系统。[20]

对电梯进行维护保养和点检的三菱电梯公司，已经实现了深夜自动切换诊断运行模式进行点检、分析采集数据进行预防性维护保养的先进系统实用化。这些利用深度学习的事例，都是为在人类难以进入的地点，进行异常检测和预防性维护保养。

［20］日立造船、日本 IBM 开发的垃圾焚烧工厂最佳运转管理系统

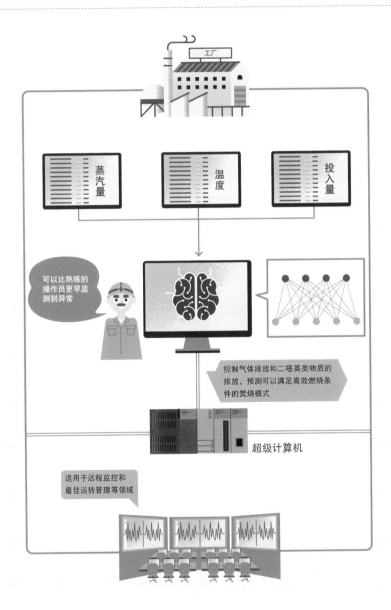

地基分析与地质评估

建筑业中的深度学习应用主要以维护业务为中心。

但是在实际的建设一线中，也出现了以效率化为目的的尝试。

◆ 机器人的自动分析

在地震活动频繁的日本，拥有丰富专业知识和经验的人士承担着开工前的地基调查工作。Netsmile 公司开发了通过利用以往数据进行深度学习的地基分析机器人。

这种机器人学习人们迄今为止收集到的样本，并通过对人们在分析时使用的标准所产生的识别错误样本进行再学习，进而成功地取得了可信度极高的正确结果。

◆ 人工智能对切羽隧道的自动评估

日本大型建筑企业安藤间与日本系统软件公司共同开发了"切羽隧道人工智能自动评估系统"，成功地通过学习数万件地基图像和强度数据，实现了确定地基强度达到 80% 以上的精度。

为了进一步提升精度，开发中还尝试利用了多光谱图像。通过学习火山岩、深成岩等 6 种岩石的光谱强度的特性数据，仅仅用图像就足以判别岩石种类。[21]

此外，日本大型地质调查公司川崎地质正在开发自动检测路面较易塌陷的地质情况的深度学习系统。如果事先检测到塌陷可能性较高的地下空洞，就可以提高修补效率。富士通则在利用深度学习实现地基服务的小型化和实用化。

[21] 安藤间与日本系统软件公司合作的切羽隧道人工智能自动评估系统

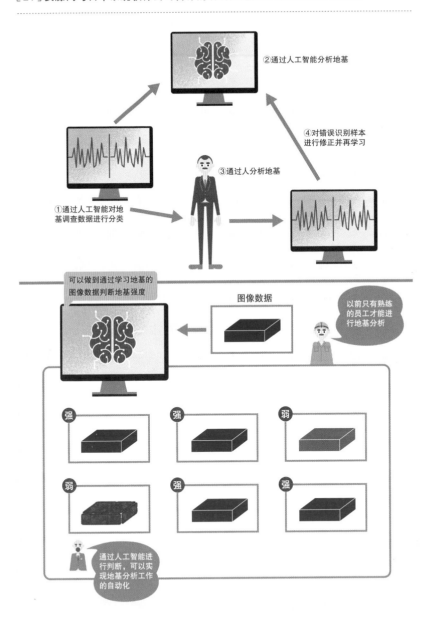

自动挖掘

如果汽车和农业机械的自动驾驶成为可能，重型机械高难度工作的自动化就将是下一个课题。

不仅能自动驾驶，还可以进行自动挖掘的梦幻建筑机械开发迫在眉睫。

◆ 实现液压挖掘机的自动挖掘

深度学习的应用正在向建筑一线的自动化扩展，如果重型机械的操作实现自动化，就可以进一步提升工作效率和安全性。

一般液压挖掘机除前进、倒车等基础功能外，还有挖掘这一高阶工作。挖掘机在进行挖掘时，需要用两个手杆操作连接车体的动臂、从动臂伸出的斗杆和挖土的铲斗三部分装置。操作动作要求细致入微，如果人工智能可以完成这项工作，日本建筑业将更上一个台阶。

◆ 目标是所有重型机械都可以运用的便捷性

2018 年夏，日本大型建筑公司藤田通过利用深度学习的人工智能，成功实现了液压挖掘机的自动挖掘，这是与人工智能新兴网络公司 DeepX 的联合开发项目。

这一系统在动臂、斗杆和铲斗的各衔接部位装上三维演算用的标记，利用车载和侧面摄像头的图像资料测定位置、自动挖掘。在实际操作中，各斗杆处于什么位置，人工智能通过学习庞大的图像数据掌握挖掘机的状态和位置，并发出指令。[22]

目前的自动挖掘机尚未掌握熟练操作员的操作技术，但将来可以考虑"晚上人工智能工作，白天员工进行微调"的运作方式。藤田公司尝试通过装置简便化，实现所有机种装载。

[22]藤田与 DeepX 共同开发的自动液压挖掘机

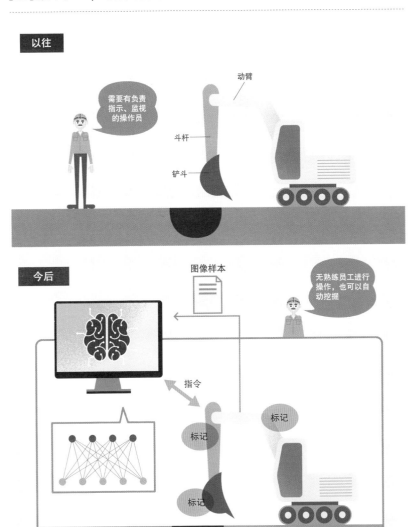

产业废弃物的鉴别

产业废弃物的处理设施正处于慢性人手不足的状态。

利用深度学习以消除其累、脏、危的印象，使其成为人们眼中清洁、充满活力的工作。

◆ 通过自动化提升处理能力

产业废弃物行业是鉴别运来的产业废弃物，将其中可再利用之物进行再生并还原社会的重要工作。因为工作多与垃圾处理相关，因此难以保证员工数量，现在相当一部分工作已经实现了自动化。

但是，最辛苦的垃圾鉴别工作却只有依靠人工完成。从皮带传送带上传动的垃圾中挑拣出可回收资源是一项十分辛劳的工作，但鉴别无论如何都需要靠人眼进行。

如果分拣工作实现自动化，就可以 24 小时工作，从而大幅度提升垃圾处理能力，进而只需少量员工就可以完成工作，也可降低人力成本。不仅为将来的人口减少做好准备，也期待通过人工智能机器人保证劳动力。

◆ 只挑拣可再利用的垃圾

西班牙企业 Sadako Technologies 开发了利用机器学习自动分拣垃圾的机器人。人工智能通过使用图像识别和控制斗杆，可以只从传送带上传动的各种垃圾中挑拣塑料瓶。［23］

在日本，粉碎机企业 UENOTEX 销售的自动分拣机可以自动鉴别玻璃瓶和树脂制品等，并可以对挑拣后的数据进行再学习。如果这种自动分拣机的实用化不断发展，或可以削减工作员工，从而解决业界人手不足的问题。

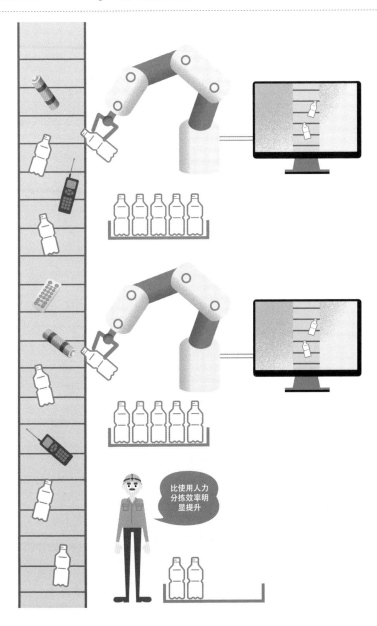

比使用人力
分拣效率明
显提升

校对报道内容与自动翻译

在出版、广告等创意产业中，人工智能的发挥空间还十分有限。

但是，通过深度学习，人工智能也可以为校对、翻译等需要人工进行的工作提供支持。

◆ 校稿人工智能可数秒完成工作

媒体出版行业需要检查错字、漏字、标识错误、验证正误、有无歧视性表述等问题的校对编辑。这项需要一个字一个字地检查原稿的工作需要耗费大量的时间和精力，但现在出现了由人工智能取代的动向。

著名印刷企业凸版印刷引进了校稿校对系统，与瑞穗银行联合进行实证测试。这一系统通过深度学习能做到以前不可能完成的助词和汉字转换错误的检测工作。[24]

如果和人工同等水准的校稿校对能实用化，出版广告业便有可能大幅度削减人力成本和时间。

◆ 克服语言壁垒的翻译应用程序

翻译与深度学习十分相配，众多企业都在进行开发。NTT Communications提供的翻译引擎通过学习互译样本，可以高精度地翻译商务文件。其水准已经达到托业（TOEIC）900分，用比人工翻译用时短得多。

此外，Skype推出同声传译服务，有望在日本服务于不断增加的外国游客，微软也发行了为PPT加注字幕的附加程序。如果不仅转译不同语言，将声音翻译形成文件化的技术继续发展，则有可能超越语言障碍进行商务的细节谈判。

［24］校稿翻译领域的深度学习

校稿

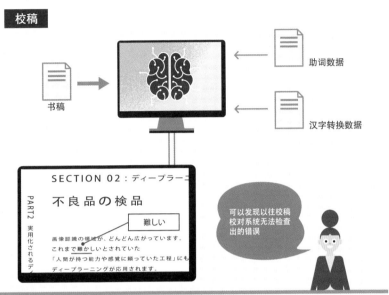

翻译

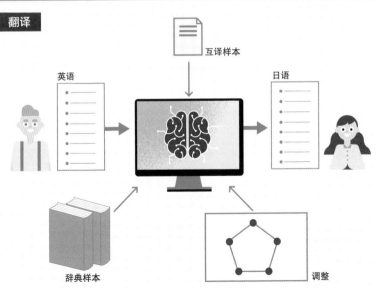

广告点击预测

广告宣传耗资巨大，投资回报率却是个未知数。

在不断扩大的数字营销中，人工智能将更为准确地预测广告效果。

◆ 专家也很难预测的广告效果

广告是媒体重要的收入来源。广告效果很难直观体现，但是在网络媒体中，横幅广告（Banner AD）的点击数是体现其效果的指标。通常认为，点击率高的广告效果好，点击率低的广告效果则较差。

近年的营销业界，数字营销备受瞩目。预测消费者偏好、精准投放广告并与购买相关联的营销潮流中，利用深度学习的案例正在增加。如果通过人工智能预测广告效果得以实现，则有望进行有效的广告营销活动。

◆ 不需要事前测试了吗？

一般而言，网络广告会采取在事前发送多种模式的测试版本（A/B TESTING），对效果进行判断后再推送实际广告的方法。CyberAgent 和日本电通公司正在开发推送实际广告前，预测其效果的效果预测模型和工具。[25] 这些服务通过对图像数据、点击数和过去的推送数据等广告商拥有的数据进行再学习，于推送新广告前检测效果好或不佳的广告。这两家公司的产品都已经投入应用，据称也确实提高了实际广告投放的精准度。

如果提前制作预测高点击率的广告成为可能，就可以大幅度节省精力、减少成本。

[25] 运用深度学习进行广告效果预测

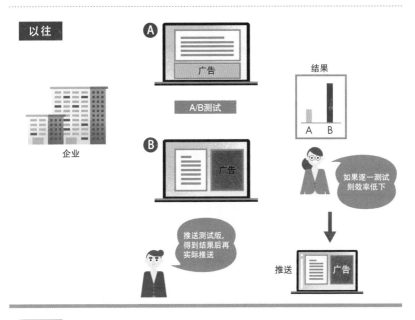

以往

A A/B测试

B

结果

如果逐一测试
则效率低下

推送测试版,
得到结果后再
实际推送

推送 广告

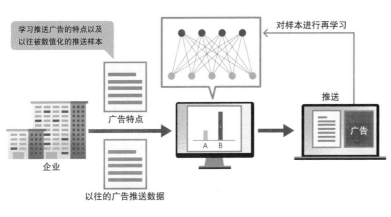

今后

学习推送广告的特点以及
以往被数值化的推送样本

对样本进行再学习

广告特点

以往的广告推送数据

企业

推送 广告

收益

101

生成角色

通过深度学习学习各种角色的特征，生成看似在某地存在但至今却不存在的角色。

创作无数亚种。

人工智能也将进军创意领域。

◆ 自动生成偶像和动漫人物的人工智能

人工智能创业企业 DATAGRID 正在开发自动生成虚拟偶像人物的人工智能，设计与绘制等创意工作曾还是人工智能不可企及的领域，但能够进行"创造"的人工智能，终于问世了。

自动生成偶像的人工智能通过深度学习，学习现实中存在的偶像人物的数万张脸部照片，自动生成脸部具备偶像特征的女性。生成的特征偶像是虚拟的，可以无限生成。[26]

DATAGRID 也包含自动生成动漫人物或地下城游戏（Rouge Like）等的功能。角色可以无限生成，就没有必要一个个地绘制角色，从而玩家能够自由选择角色，实现探索不断改变形状的地下城这类随机游戏。

◆ 旨在利用 GAN 随时提高精度的人工智能

Preferred Networks 提供装载 GAN（生成式对抗网络）的角色生成平台服务这一平台，可以通过深度学习学习多个角色的特征，经过合成，生成保有这些特征的新角色。

角色的生成与合成，以及交换的交易数据还可以被记录在区块链并在互联网上公开，是一项可以在动漫和插图绘制中广泛应用的技术。

［26］应有深度学习生成角色

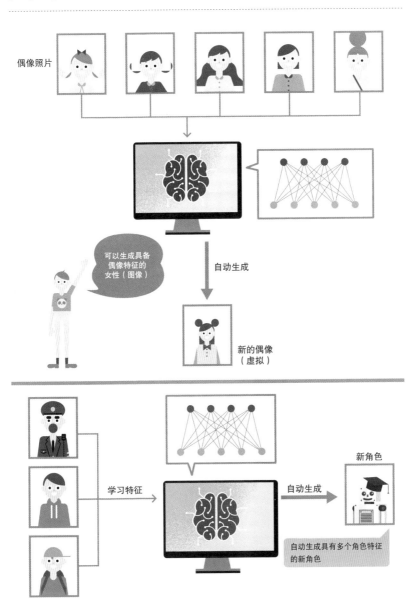

103

智能音箱

可以通过声音与人工智能对话的智能音箱作为新时代的新平台备受关注。

与深度学习匹配性较好的声音识别功能可以应用于各种场合。

◆ 拥有无限可能性的未来设备

因装载人工智能而知名的智能音箱发展可谓日新月异。谷歌和亚马逊等大型企业已经加入这一行列，在会议中进行录音并生成会议记录的产品业已问世，部分产品更是进一步进化，配置了可以判断会议重要发言并进行整理的功能。[27]

韩国公司 Harman Kardon 利用微软人工智能助理 Cortana（微软小娜）开发的 INVOKE 在美国发售。这一智能音箱不仅拥有高音质，还可以与 Office365 及微软个人账户连接。苹果公司的 Home Pod 则可以对所处位置进行自动感知并调整音量。

◆ 汽车用智能音箱也已实用化

中国的大型 IT 企业阿里巴巴，正在销售世界智能音箱市场排名第三的天猫精灵（Tmall Genie）。天猫精灵搭载于中国市场销售的部分 BMW 专用车型，使用者在家就可以通过与 AI 对话计算前往目的地的路程和时间。汽车本身与云计算相连，驾驶中还能确定目的地的天气。

跟 LINE 的 Clove 一样，日本销售的智能音箱都在原有用途上增加了新功能，比如利用深度学习的声音合成等。随着智能音箱用途进一步扩展，相信使用者也会增加。

[27] 智能音箱的应用案例

制作会议记录

与个人账户相连

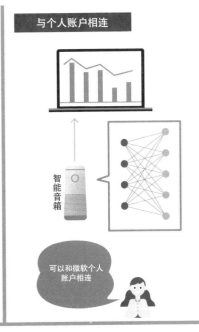

与汽车相连

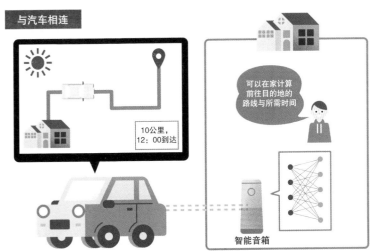

无人收银机

服务业需要用心和笑容待客，而进化的人工智能实现的则是安全便捷的交易。
深度学习将推动商业效率、创造新兴服务业。

◆ 解决人手不足和排队付款的问题

美国亚马逊正在布局无需收银机的连锁超市 Amazon Go，这一新型连锁超市使用智能手机的专用应用程序，会员需事先登录，在商店入口处读取数据后方可入店，结算系统则是在店内设置的 5000 余台摄像头和传感器，当顾客手持商品走出商店时会自动进行结算。

由于减少了收银环节的种种操作，店员负担工作减轻，顾客不用再排队结算，而无现金使用也将提升防盗安全性。

◆ 日本的无人收银机实用化也在发展

日本的汉堡包连锁店摩斯汉堡（MOSBURGER），正在进行无人收银机的概念验证[28]。

与一般的自动点单收银机不同，配备有摄像头、麦克风和音箱的概念收银机安装了图像识别功能，可以根据订餐者的年龄、性别和感情推测与这些特征相符的菜单。今后的发展目标是可以通过声音下单，并将实际工作的员工进行模型化，以达到与人工同等的服务水平。比如，即使顾客下单描述不清晰，AI 也可以提出相似商品的建议。

通过上述方法，有望提高餐厅用餐高峰时的周转率，并可作为解决饮食业人手不足的方法之一。

［28］摩斯汉堡的无人收银机

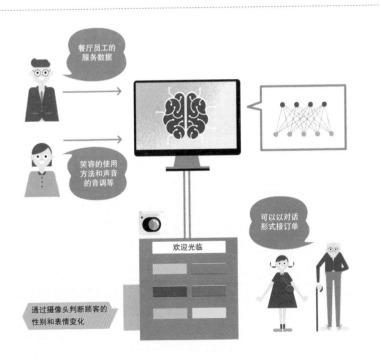

餐厅员工的
服务数据

笑容的使用
方法和声音
的音调等

可以以对话
形式接订单

欢迎光临

通过摄像头判断顾客的
性别和表情变化

◆ 面部认证的实用化进展如何？

日本 24 小时便利店业界曾因是否要 24 小时营业引发广泛讨论，无人商店应运而生。7-11 便利店与 NEC 进行技术合作，开放测试事前登记面部数据的自助系统。顾客进入商店时进行面部认证，结账时则采用自助方式，也就是面部认证结算系统。[29]

中国台湾的 7-11 便利店已经有了使用面部认证技术进店、使用信用卡结账的无人商店。但这个系统必须拥有事前完成面部识别的数据，从保护个人隐私的角度看很难在日本普遍推广。不过如果与员工工作证和学生证等结合，就能在办公楼内、学校内的商店实现实用化。

[29]7-11 便利店的无人商店

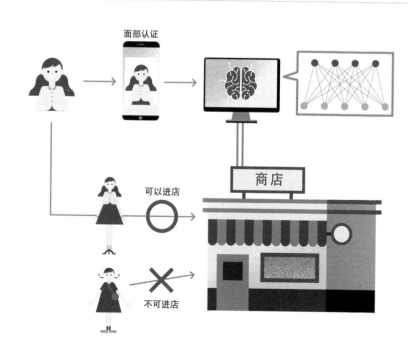

◆ 识别手语的小型机器人

"手机机器人"是夏普公司销售的移动型机器人电话。NTT 数据公司与夏普共同开发这款使用深度学习、用于手机机器人的手语翻译应用程序,并正式推广这项业务。[30]

听觉障碍者向手机机器人使用手语说话时,手机机器人通过人工智能识别手的动作,并进行分析转换为声音,同时还显示为文字。正常人回答后,手机机器人会在智能手机屏幕上显示文字。

该产品现能识别约 500 条手语,但很难进行复杂对话。随着研究深入与实用开发,将在听觉障碍者与正常人交流、辅助生活和护理等方面发挥重要作用。

[30]NTT 数据与夏普的手机机器人手语翻译应用软件

手语内容通过机器人的声音和显示在智能手机等上的文字得以确认

声音在智能手机上通过文字化并予以显示

预防盗窃

安全系统对于服务业十分重要。

特别是盗窃行为造成的损失巨大。

人工智能通过深度学习可疑人员的行动，将受害降到最低限度，还可以为使用者提供便利的新服务。

◆ 人工智能学习反扒能手的技巧

日本的盗窃受害额每年达到 4000 亿日元，甚至对零售店经营产生了莫大压力。Earth Rise 公司开发利用检测人员行动进而防盗的 AI 系统，并与拥有广阔网络系统的 NTT 东日本合作，提供预防盗窃的 AI 服务。[31]

具体而言，装载行动检测 AI 的摄像头如果检测到来店客人的可疑行为，会向店员的智能手机发送地点和图像。这种 AI 学习了消费者行为模式的样本，图像等数据则保存在云端。如果出现了新的可疑行为，只要更新云端数据并计算，今后就可以检测出同样的可疑行为。AI 不仅能够减少盗窃造成的损害，还可以让商店员工集中精力为普通顾客服务。

◆ 检测到行为可疑者并报告

开发摄像解析 AI 的新兴企业 VAAK 与 24 小时便利店（连锁店）合作开发预防盗窃人工智能。当发现可疑者时，AI 会在店内广播"目前正在加强防范盗窃的巡察中"等警报，防盗窃于未然。

这一 AI 学习了 2 万件以上与盗窃有关的视频，分析盗窃发生较多的商店和容易发生盗窃的地点，有利于商店改善商品布置。此外，这一视频解析技术还能用于无收银机商店的概念验证。

[31] Earth Rise 和 NTT 东日本的预防盗窃人工智能服务

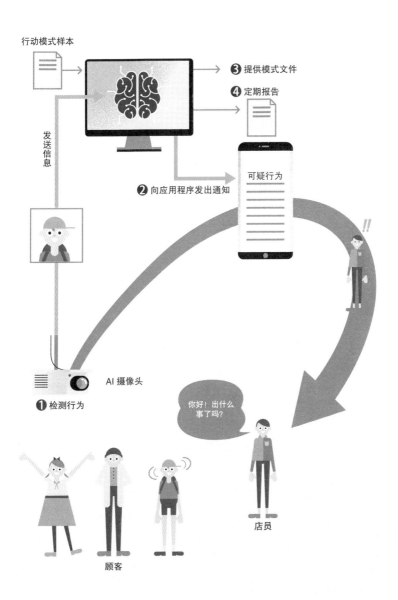

行动模式样本

❸ 提供模式文件

❹ 定期报告

发送信息

❷ 向应用程序发出通知

可疑行为

!!

AI 摄像头

❶ 检测行为

你好！出什么事了吗？

顾客

店员

制作报价单

看起来不过只有一张纸，但制作预估工期表和收支报价单需要耗费相当多的时间和精力。

通过深度学习，开发谁都可以方便快速完成报价单的系统有着天然需求。

◆ 新手与老手大相径庭的表单技能

在商业活动中，从各种经费中对预想收益和所要花费的时间等进行预测的报价单，是商务谈判能否成功的重要判断资料。一次就完成当然最好，但反复修改更为屡见不鲜。

制作报价单是一项很困难的工作，让客户感到吸引力，又要符合本公司利益的合适报价单，即便是老手也要花费不少时间，而新手则可能要花上数个小时，效率可谓低下。

利用深度学习研发能快速、简单完成报价单的系统，各行各业都有需求，有些行业甚至已经开始运作。

◆ 学习过去的数据和资深员工的经验

树脂成型磨具企业 IBUKI 在报价单制作环节引入人工智能，如果合同涉及多个零件，以往为了完成报价单，厂长要花费几个小时甚至一天时间来探讨各种项目。为了不浪费这些时间，企业将以往的报价单样本、探讨检查项目、资深员工的经验等进行数据化，提供给人工智能学习，成功开发了自动制作报价单系统。[32]AI学习需要时间，但系统完成后工作人员的负担就将减轻。IBUKI同时开发了制作报价单时能检索并参考过去相关数据的系统。

除此之外，根据委托邮件制作报价单的服务也进入实用化，实现缩减人工的目标。

[32] IBUKI 的报价单制作系统

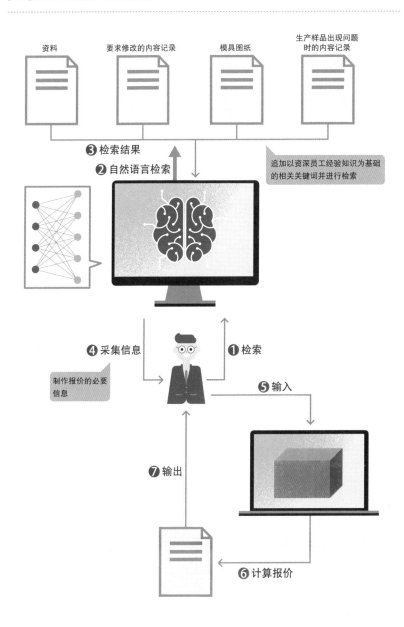

资料

要求修改的内容记录

模具图纸

生产样品出现问题
时的内容记录

❸ 检索结果

❷ 自然语言检索

追加以资深员工经验知识为基础
的相关关键词并进行检索

❹ 采集信息

❶ 检索

制作报价的必要
信息

❺ 输入

❼ 输出

❻ 计算报价

识别物流图像与在库管理

物流一线处理的货物多种多样，进行细致分类则需要人手和人眼。

但是，在不远的将来，这些麻烦的分拣工作有可能被人工智能所取代。

◆ 自动识别一千种货物

快递物流等行业的货物整理是十分复杂的工作。货物的大小和种类、递送地址等，必须对各种货物进行快速且恰当的分拣。尽管装卸货物、捆包等工作通过机器人正在实现自动化，但只有分拣工作必须依赖经验丰富的员工的眼睛。

NTT 数据开发了旨在利用人工智能实现物流工作自动化和最优化的"物流图像识别人工智能引擎"，并在佐川急便等进行了概念验证。[33]实验证明，人工智能可以对摄影后纸箱等货物图像的形状、尺寸、数量、储运方法、是否污损等进行识别与分类。如果提高精度，人工作业有望削减至过去的 6 成。

◆ 在库管理和仓库使用的最优化

如果分拣工作实现完全自动化，人在仓库内的工作将大幅度减少。而如果在分拣结果的基础上将货物的装卸等工作交由机器人完成，工作负担将会进一步减轻。在出入危险的地方和高处使用机器人，则将实现仓管自动化。

进而言之，可对移动线路和货架的配置、员工计划、运输卡车配车最优化、卸货自动化等所有数据的集约，进行一元化管理的 IOT 平台的设计与构建也将成为可能。目前，这种涉及物流工作整体的系统开发正在进行之中。

[33]NTT 数据公司开发的物流图像识别人工智能引擎

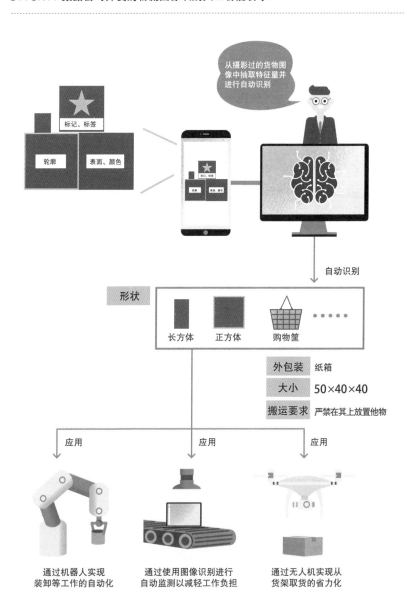

自动装盘

可以说，餐饮业是引进人工智能比较困难的业种。

一道菜因为做菜人的技术差距，味道会大相径庭。

将来，通过提供能一次性制作熟练度统一的大量菜肴的人工智能，

实现谁都可以像专业大厨一般烹饪的时代。

◆ 人和机器人装配便当

制造和销售人形机器人和机械臂的 RT 公司公布了装配便当的机器人原型机，还登上了电视节目。工厂的生产线上，可以与人并排工作的协作人形机器人利用谷歌的图像识别功能，将装在食品箱中的炸鸡块一块一块取出并放入盒中。[34]

目前，机器人即使可以识别多种盒饭食材，但像人手那样轻拿轻放食材却很困难，无法达到提高生产率的目的。但是与人不同，机器人可以不休息地连续工作，是工厂的重要财富。

◆ 手指也可活动的机器人

双臂型机器人在工厂中实现了一定范围的实用化，但大多事先编好程序，使用机器学习技术的并不多。

其中引起关注的是 Denso Wave 等企业联合开发的双臂型机械臂"多模人工智能机器人"。这型机器人利用深度学习和 VR 技术，学习从摄像头和手部传感器得到的信息，从而不需要编程。这型机器人还拥有与人一样的手指，可以盛蔬菜色拉、叠毛巾。如果这项技术更加成熟，有望推广到工厂之外的领域。

[34] 自动装盘机器人

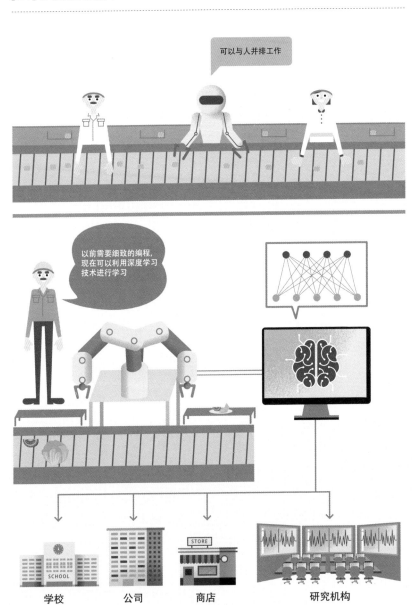

用户评价分析

在与互联网相关的服务中发挥作用的深度学习，可以用于分析社交网络服务上的留言和评价，回避舆情危机等。

◆ 高精度理解自然语言

很多企业在广泛运用社交网络服务（SNS）传递信息或促销的同时，也面临着"爆热搜"和谣言在网络四起等问题。在互联网上捕捉导致企业利益受损的评论十分困难，单纯是增加这项工作负责人的负担罢了。在这一领域，也诞生了利用深度学习分析和分类的技术。

日立制作所提供的"感性分析服务"，不仅应用于 SNS，还可以从电视、报纸、个人博客、网上留言、呼叫中心的对话记录等采集到的顾客意见分为 1300 种话题、感情和意图。具体而言，就是利用语言理解研究所开发的感情分析 AI，将顾客对商品和服务的印象以及有感情色彩的文本数据予以可视化。如果把分析结果和销售业绩等进行核对，将有助于商品开发、销售计划和风险对策。

◆ 自动过滤违规跟帖

互联网媒体的跟帖区混乱不堪，导致最终网站关闭，谁也无法使用的事例日益增加。为了防患于未然，互联网科技企业 Quelon 推出装载了基于机器学习和自然语言处理等的人工智能"公平竞争算法"的跟帖系统。这个系统可以自动过滤跟帖中包括诽谤中伤、谩骂，以及违法交易网络交友等相关词。[35]

对于希望将跟帖区保持健康稳定，将其作为意见交换场所的企业而言，这个系统可谓无价之宝。

[35] Quelon 公司的公平竞争算法

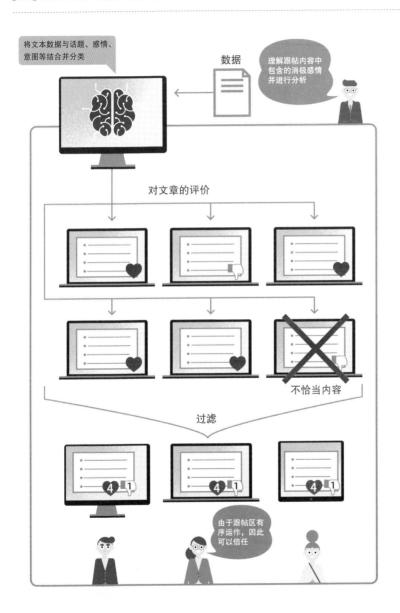

预测股价、检测不正当交易

金融界引进人工智能的行业还十分有限。

采集与分析数据、各种手续的效率化等不断取得进展。

股价很难预测，但通过人工智能预测股价的研究始终进行着。

◆ 人工智能有可能进行短期预测？

　　金融界探索使用深度学习过股价指数和外汇汇率等数据的人工智能，来预测股价涨跌。比如，三菱 UFJ 摩根士丹利证券会以每月 10 日为基准日预测 1 个月后的股市走向，根据记录，现在预测的精确度达 90%。［36］

　　由野村证券发布的"野村人工智能景况感指数"，甚至能预测经济景况。人工智能将每个月的月度经济报告和金融经济月报等变为分值，进行深度学习。指数通过 AI 读取文字含义形成，预测不会出现太大偏差。但像次贷危机这样的突发事件由于没有学习样本，也就无从预测。

◆ 监测不正当交易提高安全性

　　随着无现金社会的发展，利用网上银行和网上结算的人逐年增加。丹麦最大的银行丹斯克银行与擅长数据分析的 TERADATA 公司合作，开发监测不正当交易的系统。

　　当前，监视不正当交易需要多方参与，误监测也时有发生。经过深度学习的人工智能可以从网上银行的交易数据中检索出不正当交易，使用这一系统实证误监测率大幅度减少，有助于减轻调查负责人的工作负担，还能控制成本和及时取缔不正当交易。

[36] 三菱 UFJ 摩根士丹利的股价预测

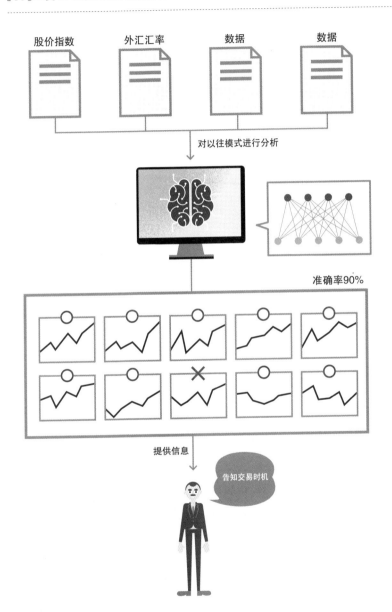

深度学习会为今后的商业方式带来什么

1 技术得以传承

在制造业，掌握熟练技术的员工退休后，有的企业甚至因为无法继承其技术而面临存亡危机。通过深度学习，就可以守护这种技术并实现机械化。

2 减轻工作负担

建筑业的点检与维修，诊断和护理工作等，都是出现失误可能就关乎人命的工作，会对从业者造成更重的负担。图像识别技术可以起到辅助作用，从而减轻负担。

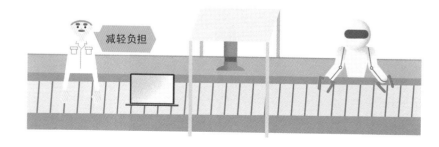

第二篇通过具体案例介绍了利用深度学习可以做什么，现存的框架和商业会有什么变化等。现将第二篇内容概括如下。

3　人、物的流动发生变化

引进自动驾驶和机器人出租车后，远距离驾驶的负担减轻，有助于缓解交通拥堵、提高配送效率。此外，因家庭情况等原因无法外出的老年人也可以更方便地与社区联系。

4　基于个人爱好的特化服务

在互联网使用记录的基础上，有的企业已经推出精准投放的广告。如果深度学习技术进一步发展，就会出现基于每一个人爱好和身心状况的特化服务。

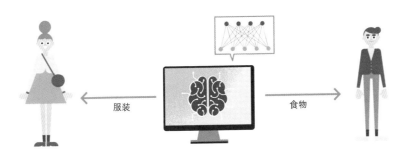

专栏 | 深度学习小语②

技术奇点何时来临?
会发生什么?

如果有关深度学习的研究开发和服务的实用化继续发展，总有一天将迎来人工智能比人类更具智慧的"技术奇点"。这一天什么时候来众说纷纭，有人主张在 2045 年，有人则认为在 2029 年。

如果考虑到近年来硬件设备方面计算速度和软件方面算法的进步，笔者真切感受到"技术奇点"正离我们越来越近，如图像识别问题的某些领域，人工智能的精度已经超过了人类。

如果人工智能可以在人类智慧无法企及的层面产生新的人工智能，毫无疑问世界将发生重大变化。谁也不知道那时将发生什么。

由于深度学习的出现，谷歌翻译的精确度得到了戏剧性的提高。拍摄餐厅菜单就能看到招牌菜，还能简单检索到料理的图像。迄今发生的变化显示，一点发展就可能导致整个业界的戏剧性变化。

此外，在研究者和推动深度学习实用化的企业顶层中，也有充满危机感的人士。谷歌在企业内部设立了有关人工智能的伦理委员会。在日本，人工智能学会的伦理委员会也主张应探讨"人工智能开发方的人类伦理"。

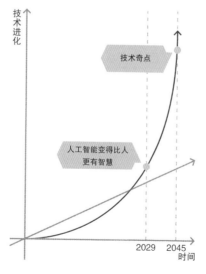

技术进化

技术奇点

人工智能变得比人更有智慧

2029 2045
时间

PART

3

深度学习带给我们的
未来

深度学习带来的价值观与生活

从制造业到医疗、媒体，很多领域已经证实深度学习后的 AI 比人类更加出众。
今后，人类应如何面对深度学习呢?

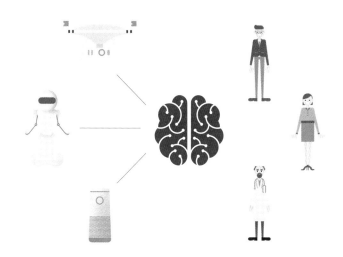

◆ 设定应解决之问题的是人类

深度学习已经从研究阶段进入了实用化阶段，毫无疑问将给各行各业带来变化。特别是在人口减少及老龄化问题将长期存在的日本，深度学习作为贡献于人类幸福生活的技术，势必逐渐被人们接受。

尽管有人认为，AI 会"夺走人类工作"，但笔者并不这么认为。阿尔法狗和本书第二章节介绍的新事物和新服务等，深度学习都是被用于去解决人类设定的问题。现阶段，只有人才能设定 AI"应该解决的问题"。

◆ 通过深度学习实现自动化生活

东京大学研究生院特任教授松尾丰指出，"深度学习是以通用为目的的技术"。简单而言，深度学习是可以利用于各种商品和服务的开发与应用的技术。20 年以前问世的互联网，也是这种以通用为目的的技术。

在庞大数据基础上进行正确预测，会让商品和服务造福于人类，使生活更方便、更富足。

特别是今后实用化有望广泛实现的领域，就是依靠设备 × 深度学习的服务。在制造汽车等机械和机器人技术发达的日本，将会与深度学习组合不断发展，推广以衣食住行为中心更为便捷的商品与服务。［01］

如果可以开发出代替人做动作的机器人，能解决人口减少和人手不足的问题。但是，这种技术需要庞大的数据，也就是需要大量个人信息，而如何保护个人隐私就成为新的问题。如果将衣食住行都交给机器人，也不能说就不会存在人类权利受到威胁的可能性。

［01］**身边的事物实现自动化**

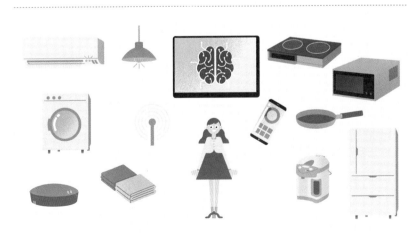

◆ 未来生活预测 ① 城市生活

大城市要排队等上几个小时才能进店的餐厅不在少数。随着深度学习结合设备的进化，职业大厨的技巧得以通用，就有可能出现"准备好食材就可烹制高级厨师菜肴的机器人"。

即使是现在享受的服务，通过学习统计和个人样本转变为适合个体倾向，也会令人类生活更加便捷舒适。

以菜肴为例，说不定可以发明不仅适量、更可以根据个人口味调整用料多少的烹饪机器人。根据个人要求的理发机器人，依据个人病例和体质、在统计数据基础上进行诊断的医疗机器人都可能出现。这些机器人或许可以来到家中，向需求者提供基于个人数据的服务商品。[02]

[02] 根据个人需求实现特殊化的服务问世

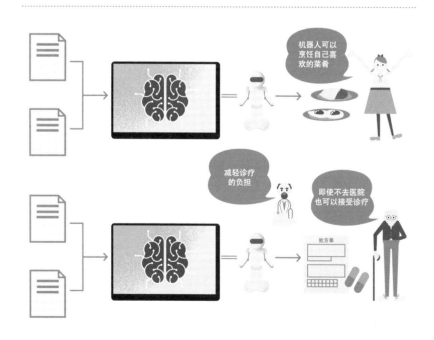

◆ 未来生活预测 ②　地方城镇的生活

随着日本老龄化社会危机加深，远离住宅区和商业区的地方，日常购物和去医院等交通出行将出现困难。使用深度学习实现移动自动化，就可以由无人驾驶巴士接送人员、配送商品等。不仅仅方便了生活，如果老人更容易前往人群聚集场所，或许也能更健康、更长寿。[03]

此外，在服务人员不足的领域，活用深度学习或能解决这一问题。比如，农业和水产业探索实现肥料与投喂饲料的自动化，温度和湿度等的自动管理，甚至收割农作物的自动化。

[03]**移动更加便捷**

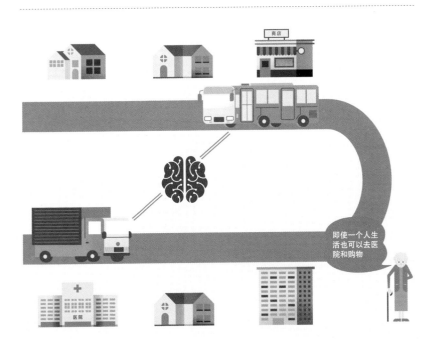

即使一个人生活也可以去医院和购物

深度学习的下一个
市场

通用性高的深度学习有望在各种领域加以利用。

商业人士考虑的下一步是什么呢?

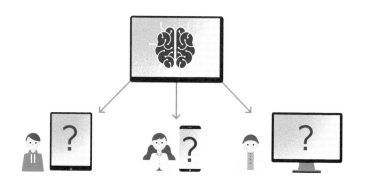

◆ 发现法则性和倾向性，推导程序与模式

在应该积极利用深度学习的领域（业务），人们要花时间探索深度学习的法则性和倾向性，通过计算推导出对应的程序与模式。简而言之，就是研究大量销售数据，推导出每一件商品的购买层和购买时间带，并在特定时间段向特定顾客推送广告。

此外，对于那些以往只有具备专业能力与技术的人才能提供的服务，计算机也可以通过识别顾客，提供适合于每个人的服务。

◆ 重要的是数据的处理方法

正如第 126 页到第 129 页所介绍的，深度学习的扩展将给日常生活带来巨大变化。当然，实现高度智能化社会的过程中，也需要服务提供方改变。

深度学习的实用化给商业带来的最大变化就是服务价格的下降。当前，顾客都倾向于选择拥有一流技术的个人或企业，由此价格上升的某些服务有望通过引进深度学习降低服务价格。[04]

而深度学习实用化之际，最为重要的是 "数据的处理方法"。如何将一流的服务进行数据化，如何采集数据，如何在设备上记录等问题亟待解决。当然，大前提是确定应向顾客提供什么样的服务。

[04] 通过更多的数据降低提供服务的价格

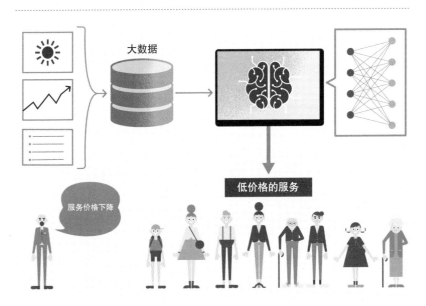

◆ 即便这样，"一流"仍能继续存在下去

如果因深度学习的实用化导致服务价格的下降，拥有一流技术的人会不会"没饭吃"了？并非如此。如果可以发挥这些高技术并不断创造新的服务，就可以继续保持价值。

此外，随着自动化和机械化的发展，真实空间与真实体验的附加价值将会上升。消费者可能会想，"平常吃机器做的这个人的菜，偶尔（多花点钱）也想尝尝本人亲手做的菜啊"。

只有这个人可以提供真实空间和体验，即提供共享有价值的时间的服务，这样就可以为附加价值标出高价。这就是拥有一流技术的提供服务者的生存之道。总之，区别真实与虚拟将日益重要。

◆ 下一个市场（业务）在哪里？

最后介绍一下深度学习的下一个市场（业务）。[05]

发展空间广阔的是建筑市场。目前已经实现了点检和维修等一部分业务的深度学习的实用化，进一步发展则可能实现"自动建造建筑物"。同样，在能源市场或许可以做到"特定蕴藏石油的地点并进行采掘"。

在医疗方面，图像诊断技术不断发展，由于个体差异之大超出了想象范围，但仍有可能实现诸如"特定切除位置""简单缝合"等部分手术辅助工作。

在新药开发领域，从技术角度看，有可能实现调配中力度和时机要求高，只有部分研究者方可完成的生物制剂的复制与生产。

要求从业者完成各种家政服务、还要拥有医学知识的护理市场上，由于存在人手不足的问题，如果诞生可以"做饭、计算营养、辅助日常动作"的机器人，市场将发生重大变化。

[05]进一步引进深度学习的市场

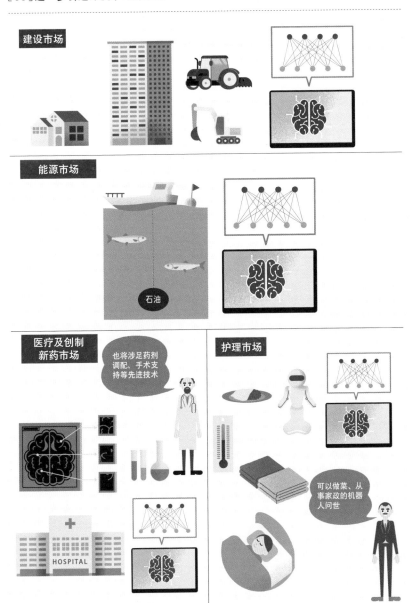

引入深度学习的
注意点

开发新商品和服务时想引入深度学习。

本小节将按照开创新事业的流程解说有这种想法的企业应注意的地方。

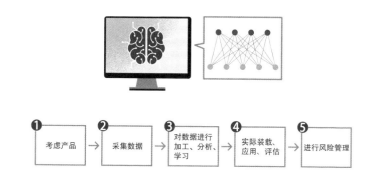

❶ 考虑产品 → ❷ 采集数据 → ❸ 对数据进行加工、分析、学习 → ❹ 实际装载、应用、评估 → ❺ 进行风险管理

◆ 是否有必要深度学习呢？

从现实商业的角度考虑时，深度学习应该如何引进呢？以下将根据上图的"实际创造商品与服务的五个阶段"总结企业应考虑的问题。

第一个阶段是思考商品和服务。最重要的是考虑应面向谁、提供什么商品和服务。就是说，必须明确"做什么"，决定需要什么数据和系统。深度学习绝不是万能之物，使用深度学习以外的机器学习效果更好的事例也不在少数。

◆ 采集、加工数据前应该思考的事情

在采集数据阶段，有时有必要与研究机构等其他行业和其他企业进行合作。特别是在系统开发过程中，因为认识差异和进程管理协调等原因导致纠纷，甚至发展为诉讼的案例正在增加。

此外，有必要理解"深度学习中便于使用的数据是什么"，这一点将在第 136 页进行说明。

利用深度学习的开发，其特征是不断试错的同时实现商品与服务的具体化。共同开发时的合同谈判与开发中的沟通等需要注意以下几点。[06]

· 在签订合同阶段，很多情况下并不清楚通过深度学习可以获得哪些学习成果。

· 学习效果比较受样本的质量所决定。

· 学习得到的成果有可能被其他商品和服务再利用。

为了防止这些问题的纠纷，日本经济产业省公布了《合同指南》。

[06] 合同交涉中有必要注意之处

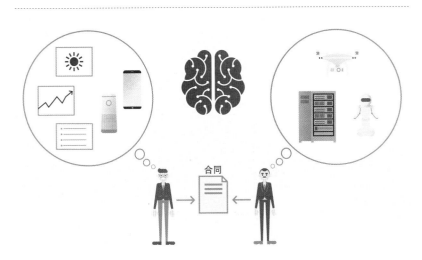

☞ 《合同指南》：由于数据使用、加工和让渡的合同较易出现不完善的情况，因此为了推动合理的合同谈判和签约，《合同指南》记载了在合同中应予以规定的事项。

◆ 加工分析阶段应注意"算法的调整"

加工分析采集到的数据后进行学习的阶段，也有必要考虑个人隐私。在实体店采集到的来店顾客图像数据即便最初就能达到特定个人标准，但仍有必要考虑原有图像数据将会变成抽取出特征并被废弃的数据这一问题。日本经济产业省和总务省等发布了"照相机图像利用手册"，请一定参照核查。

此外，在数据加工分析中，还将进行调整参数等算法（进行计算时所必要的方程式等）调整。［07］

在这个过程中，如果商品和服务应追求的价值和目标不止一个，就会出现如何在目标之间确定优先顺序的问题。经常出现的情况是，新闻网站和网购网站会向使用者提供网站认为使用者感兴趣和关心的"推荐信息"，但这种服务有可能是片面的。结果，使用者本人的浏览记录等反而导致其推送变得片面。

尽管将各种价值加以考虑，调整过程会变得困难，但有必要在决定优先顺序的同时对价值精心判断，进行社会性应对。

［07］加工分析时有必要进行调整

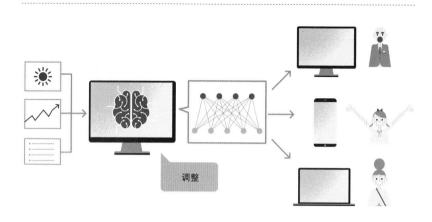

☞ 社会性应对：提出预测模型的理由和根据，并给予复杂的预测模型以解释。

◆ 意外事件和"爆热搜"的对策

在实际运用深度学习得到的成果，首先有必要保护其成果。此外，还有必要保护个人信息、制定应对意外事件的措施。

其次，除了防止数据泄露的对策外，还必须遵守 2018 年实施的欧盟《一般数据保护条例》（出口欧盟的服务等有可能要接受其法律规定），以及各种学会制定的有关个人隐私的规定等。

意外事件是指比如由于数据的片面性和技术局限性等，即使没有恶意，学习成果也会造成损害名誉、歧视性表述、错误扩散等情况。以文化风俗习惯不同的海外为对象的商品和服务自不必说，面向不特定多数对象的商品和服务也有必要假定事故并作为预防措施加入保险。

最后是危机管理。互联网有"怒火"和"灭火器"的表述，的确，有必要制定"灭火"对策。实际上，有些企业会假定网络产生的愤怒情绪进行排练。而且，将这一系列的对策反映在商品和服务设计初期也很重要。［08］

［08］灭火对策也很必要

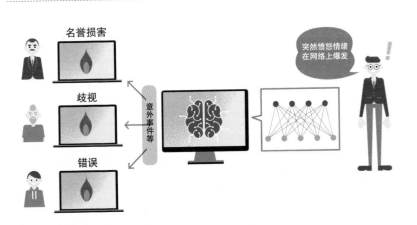

突然愤怒情绪在网络上爆发

名誉损害

歧视

错误

意外事件等

☞ 欧盟《一般数据保护条例》：为了应对不断增长的对云服务和大数据的使用，欧洲议会制定的有关数据采集与处理的规定。

在深度学习中
有效应用数据

现在众多企业都在大力应用大数据。

以下简要说明大数据的使用以及在深度学习中应注意的问题。

◆ 便于使用的数据的条件

在使用深度学习（以及机器学习）时，大量的数据必不可少。但是，如果只是漫无目的地收集而难以利用则没有意义。便于使用的数据应具备以下 5 个条件。[09]

　　① 具有恰当的形式；

　　② 体现数据特征的信息多且细致；

　　③ 没有缺损；

　　④ 不片面；

　　⑤ 拥有一定以上的数量。

◆ 不易使用、无法使用的数据

无法满足上述条件的数据即使被用于深度学习，也很有可能无法得到好的结果。

比如，①的"恰当形式"是指进行了认真的分类，数据的形式（文件形式）也完善。比如如果前者不完善，计算机就会将"米""面包"和"米饭"中的"米"和"米饭"识别为不同事物。如果后者不完善，图像形式的 .jpg 和 .pdf 混为一体，就需要进行技术性加工。

②中"体现数据特征的信息"是指"颜色""形状"和"数量"等。

这些信息越多越有利于有效学习，得到有益的结果。而"细致"是指特定了的"年龄""地区"等单独信息。

③的"没有缺损"是指不会缺少诸如"期间""年代"等数据。

④的"不片面"是指不是只抽取某些事情或一部分现象的数据。即使满足了①—③的条件，也会出现数据自身的采集仅仅来自某个特定地区的情况。

⑤的"数量"如果少了，数据就不能作为数据加以利用。有必要根据利用深度学习的项目探讨必要的数据是否已经备齐的问题。

总之，采集符合目的的数据是引进深度学习时的必要条件。

[09]易于使用的数据的 5 个条件

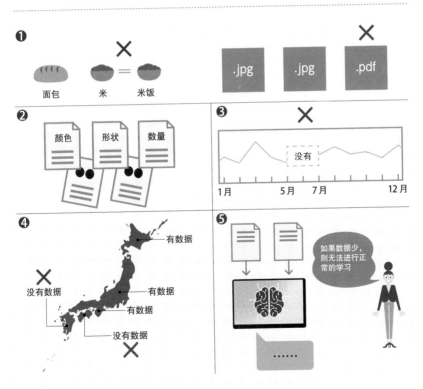

深度学习时代
所需要的人才

与深度学习相关的行业经常人手不足。

世界竞争日渐激烈化的今天，需要什么样的人才呢?

◆ 并不是仅仅需要技术人才

技术人才争夺战正在世界范围内展开，但作为大前提的"只利用本企业的深度学习、从零开始开发到最后完成发布商品和服务的企业"几乎没有。很多情况是将开发委托给专家齐备的企业，需要的并不只是技术人才。

商业活动需要的人才，坦率地说就是"掌握本书内容水准的知识，可以发现何处需要引进深度学习，可以预测有望获得何种程度成果的人"和"可以推动项目进展的人"，经营层面就是"理解深度学习必要性并可以在引进问题上进行决策的人"。

◆ 技术性的知识必须掌握多少？

除了技术者和经营者之外，在一线推动项目的"利用深度学习的人才"需要的必要知识是什么呢？这就是上文提到的"掌握本书内容水准的知识"，具体而言，这些知识包括以下5点。[10]

① 深度学习能做什么，不能做什么；

② 深度学习的强项与弱点；

③ 引进技术的必须要素（数据等）；

④ 实现实用化的商品和服务的整体概念；

⑤ 理解新研发领域。

深度学习即将从"输入什么，输出什么"的阶段迈入思考"学习什么，将什么最优化"的阶段。因此，就需要可以确保学习所必需的数据并理解数据内容的人才。

进而言之，今后还需要能够在保持目前尚有众多不确定因素的技术开发所需费用和作为结果所得利益之间的平衡的基础之上，计划并推动项目的人才。

[10]活用深度学习人才所需要的知识

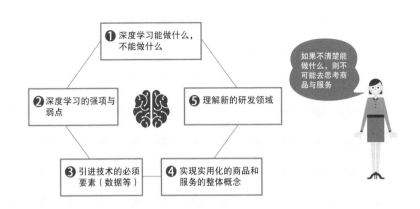

SECTION 06:

有关深度学习的
法规建设等

产生新服务、新事物的深度学习在法规建设方面并不完善，
有必要关注这方面今后的动向。

◆ 应对数据采集的版权法 [1] 修正

在深度学习（机器学习）中，被用于学习的样本越多，模型的精度越有望提升。应该被称为"从采集样本开始"的重要工程中，必须考虑的问题就是版权。

基本而言，如果要将论文、照片等著作物用于深度学习等的学习时，必须得到著作权人的同意。2019 年 1 月 1 日后，就制作机器学习等使用的样本问题进行了特殊规定，基于以下条件将不再需要著作权人的同意便可自由使用。但是，仍存在受到防止不正当竞争法（第2条）等限制的可能性，还需注意。

【著作权法】第30条第4款
著作物在下述情况，以及自己享受该著作物表现的思想、感情，或不以使他人享受为目的时，在其必要性得到认可的限度之内，无论采用何种方法均可利用。但是，该著作物的种类以及用途、使用形式使著作权人利益受到不正当损害的情况不在此限。

1　（略）

2　用于信息解析（从众多著作物及其他大量信息中抽取组成该信息的语言、声音、映像及其他相关因素的信息，并进行比较、分类等其他解析活动。第47条第5款第1项第2号同）的情况。

3　（略）

1　本处提到的相关法律法规均为日本法律。

◆ 应确认与实用化相关的知识产权法

完成学习的样本和制成的样本等，满足一定条件就可以作为知识产权得到保护。但是，预训练模型和人工智能创作的作品等的权利归属及其保护问题，目前仍在讨论之中。

在实用化的问题上，有必要与详细了解知识产权的专家商谈，在服务和项目问世前确立应如何加以保护的方针。

2016 年，日本经济产业省公布了有关人工智能的知识产权法相关法规解释，其内容如下。[11]

[11]有关人工智能的知识产权法汇总

○:有可能性　×:没有可能性　△:可能性低

	专利权	著作权（版权）	营业秘密 （不正当竞争防止法）	一般性 不正当行为
数据	× （由于属于信息的单纯提示，不满足发明成立性的条件【专利法第29条的审定认定标准第3章】）	△ （如果被认定为具有著作物性将予以保护时，当原生数据本身不被认定为具有一般创作性）	○ （满足①秘密管理性、②有用性、③非公开知识性等三要素时）	○ ※可以提出损害赔偿要求（下列同）
学习用数据套件	× （由于属于信息的单纯提示，不满足发明成立性的条件【专利法第29条的审查认定标准第3章】）	○ （通过信息选择和体系性构成具有创作性者作为数据库著作物得以保护［著作权法第12条的2］）	○ （满足上述三要素时）	×
学习	○ （符合版权法中"程序"等条件时，将作为计算机软件相关发明予以保护）	○ ※保护程序本身 ※通过逆向工程完成同一物件时，不存在著作权侵害问题	○ （满足上述三要素时） ※与著作权相同，不可应对逆向工程	×
预训练模型 （a₁a₂… b₁b₂……）	△ 相当于程序者（"模型"是只通过计算机对信息处理进行规定）将成为保护对象，但一般而言，"函数本身、行列本身"不被认可为具有发明成立性	△ ※是否存在预训练模型作为"数据库著作物"或"程序著作物"被认可为著作物的情况并不透明 ※不可应对逆向工程	○ （满足上述三要素时） ※颁布时，为满足秘密管理性条件必须采取秘密管理措施，为满足非公开知识性必须采取密码化措施 ※不可应对逆向工程	×
利用	○ （应用程序等软件系统作为计算机软件相关发明得以保护）	○ （著作物性被认可时） ※不可应对逆向工程	○ （满足上述三要素时） ※颁布时，为满足秘密管理性条件必须采取秘密管理措施，为满足非公开知识性必须采取密码化措施 ※不可应对逆向工程	×

※ 出处：《深度学习 G 检定正式教材》（翔泳社）

面向未来
FiNC在做什么

以上我们简单说明了深度学习将如何改变未来。

最后，笔者将介绍 FiNC（笔者出任 CTO 的企业）着眼未来正在进行的工作。

> 人工智能应用程序记录步数和消耗的卡路里以及进餐中摄取的卡路里

◆ 健康管理 × 智能手机 × 深度学习

在消费者将强烈关心的健康管理领域，个人化是今后时代的要求。但现在，个人健康管理的主流是由"拥有特定技能的专家"提供服务。

图像识别技术的发展日新月异。采集就餐中摄取的卡路里、走路的步数、体重、睡眠时间等数据并进行计算，这方面人工智能比人类更加准确。进而是可以汇总并确认步数、体重、就餐图像、睡眠时间等各种数据的设备、智能手机……由此，健康管理应用程序 FiNC 诞生。

◆ 从菜肴图像计算卡路里，评估人体姿态

尽管我们可以自己计算菜肴的卡路里，但是坚持每天记录全部饮食并在此基础上进行计算是一件非常困难的事情。而另一方面，由于 SNS 的普及，用智能手机拍摄自己食用过的菜肴的人越来越多。从拍摄的菜肴数据中计算摄取的卡路里从技术角度是可行的。进而再加上行走步数、睡眠等数据，就可以对健康管理提出建议。[12]

同样，个人健身教练进行的"身体姿态评估"方面，应用程序在庞大的图像样本和统计、论文基础上进行评估，并提出正确锻炼方式建议的功能已经完成。并且，伴随着深度学习技术的进步，应用预测的研发活动也在发展之中。

在这些应用程序的开发中，有必要在发布之后仍可以继续改良的设计，此外，在运用中如何活用失败样本和成功样本也是关键。将来，深度学习将从一元化管理采集到的数据中进行学习"什么样的人会比较健康"，并对健康管理进行指导。

[12]FiNC 的进食图像识别与姿态分析

通过图像诊断分析身体姿态，以分值表示。随后人工智能教练提供改善的建议。

从进食图像中自动计算卡路里。还可以记录一天所必要的营养均衡。

深度学习如何
改变未来

1   如何利用取决于人

作为通用目的技术，深度学习可以用于人们的衣食住行等日常生活各个领域，还可以创造符合人口减少社会的商品与服务。但是，孕育这些的终究是人类。人类必须争取理解这一技术，并思考如何使其服务众生。

2   人与人的沟通仍将继续

"机器可以包办一切"或许十分方便，但这样可以说所有生活就都是快乐舒适了吗？人与人的沟通不会完全消失，恰恰相反，人们会要求"真实的空间"和"真实的体验"，并提高其附加价值。

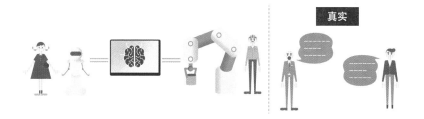

真实

第三篇介绍了深度学习技术将给我们的价值观和日常生活带来什么变化，正在探讨引进这项技术的企业和个人需要思考哪些问题等。下文对此做一简单总结。

3　引入深度学习的要点

有必要在正确理解深度学习特性的基础之上思考是否引进的问题。最为重要的是明确要通过深度学习做什么。此外，深度学习技术尚处于发展阶段，到实用化为止还会经历不断试错，必须将此也纳入探讨范畴。

❶ 产品 → ❷ 采集数据 → ❸ 加工分析 → ❹ 实际装载运用 → ❺ 危机管理

4　深度学习时代需要的人才

只要不是从事直接开发的技术负责人，不会被要求进行高精尖的说明。需要的是可以利用深度学习构思适应社会需求的商品与服务的人才。此外，还需要具备如何追赶日新月异的技术、细致跟踪法制建设和其他企业动向的能力。

深度学习＋社会需求
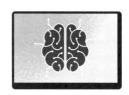